本書の特長と使い方

『解きながら楽しむ　大人の数学　因数分解と平方根編』は、
1日2ページ（1見開き）で、基本問題を中心に、パターンごとに解いていきます。
短時間でも、実際に手を動かして学習することで、
解いた実感と達成感を得られる、大人のための問題集です。

問題を解くうえで
必要なポイントを、
冒頭に簡潔に
まとめています。

忘れてしまっても
大丈夫！関連ページ
を示しているので、
覚え直すことが
できます。

初めての問題でも、
【例】を見ながら
なので、
解きやすいです。

確認問題で、
これまでの学習を
振り返ります。

関連ページで
確認し直すことが
できます。

数学に関わる
小話です。
「へぇー」と思える
身近な数学に
触れられます。

その日の学習が終わったら、巻末の 「できたら☑チェックシート」 の□に、
☑を入れたり、ぬりつぶしたりして活用しましょう。
すべての□にチェックできるよう、学習を続けましょう！

目次

式の展開と因数分解

展開と因数分解の関係とは？

式の展開とは、計算して答えを求めることではなく、かっこをはずして（展開して）最も簡単な式に整理することです。例えば、$a(x+y)$ は、分配法則でかっこをはずすと、$ax+ay$ になります。$ax+ay$ は、これ以上簡単にならないので、$a(x+y)$ を展開すると、$ax+ay$ になります。

これに対して、因数分解とは、文字通り「分解する」ことを意味します。例えば、12は、$2×2×3$ のように分解することができます。

私たちは、よく掛け算を使いますが、$2×5=10$ のような掛け算に対して、$2×5=10$ という見方が式の展開、$10=2×5$ という見方が因数分解の考え方といってよいかもしれません。日常生活で、500円の品物を買う場合、レジで100円玉を5枚用意することは、因数分解の考え方を使うこ

とに似ていますね。式についての因数分解の考え方も、これと同じです。$a(x+y)=ax+ay$ に対して、$ax+ay=a(x+y)$ という見方が因数分解です。実社会で、因数分解は何の役に立っているのか、よく問われる疑問ですが、これに対する答えの1つとして、「困難は分割せよ」という言葉があります。これは、「検討しようとする難問を、よりよく理解するために、多くの小部分に分割すること」を意味し、日常生活でも用いられる思考法ではないでしょうか。因数分解の考え方に通じる部分がありますね。

ここでは、式についての、展開の公式や因数分解の公式など、さまざまな公式が出てきますが、展開と因数分解の関係が意識できれば、これらの公式が密接につながっていることが実感できるはずです。

$(a+b)(c+d)$ の計算をしよう！

1日目

ポイント

単項式と多項式：x^2、$-2x$、6などのように、数や文字およびそれらを掛け合わせた式を単項式というよ。また、$x^2+(-2x)+6$などのように、単項式の足し算の形で表された式を多項式といい、その1つ1つの単項式 x^2、$-2x$、6を、この多項式の項というんだ。

展開する：単項式や多項式の掛け算の形の式を、かっこをはずして単項式の足し算の形に表すことを、展開するというよ。

$$(a+b)(c+d)=a(c+d)+b(c+d)=ac+ad+bc+bd$$

1 次の式のうち、単項式、多項式であるものをそれぞれすべて選び、記号で答えましょう。

1問 10点

ア $2a^2$　　　　イ $4a-b$　　　　ウ $-2xyz$　　　　エ x^2-5y^2-1

(1) 単項式　　　　　　　　　(2) 多項式

2 次の式を展開しましょう。

1問 5点

例 $3a(b+2d)=3a\times b+3a\times 2d$
$$=3ab+6ad$$
$(2a-3b)c=2a\times c-3b\times c$
$$=2ac-3bc$$

(1) $d(2b+c)$　　　　　　　(2) $(2p+3q)r$

(3) $(3c-4d)y$　　　　　　　(4) $-2x(a-2b)$

3 次の式を展開しましょう。

1問　6点

例　$(2a-b)(c+3d)$
$=2a(c+3d)-b(c+3d)$
$=2ac+6ad-bc-3bd$

(1) $(x+3)(y+6)$

(2) $(a+8)(b+2)$

(3) $(a+b)(x+y)$

(4) $(a+b)(2c+d)$

(5) $(a+2b)(c-d)$

(6) $(5a-b)(x+y)$

(7) $(4a-b)(x-2y)$

(8) $(-3m+n)(a+3b)$

(9) $(5a+3b)(4c-7d)$

(10) $(-a+2b)(5c-3d)$

$(a+b)(x+y+z)$ の計算をしよう!

ポイント ━━━━━━━━━━━━━━━━━━━━━━━━━ **展開** ↻ 4 ページ

$(a+b)(x+y+z)$ の展開は、$(a+b)(c+d)$ の展開と同じように考えるよ。

$$(a+b)(x+y+z)=a(x+y+z)+b(x+y+z)$$
$$=ax+ay+az+bx+by+bz$$

1 次の式を展開しましょう。　　　　　　　　　　　　1問　10点

例
$$(a-2b)(2x-y+3z)$$
$$=a(2x-y+3z)-2b(2x-y+3z)$$
$$=2ax-ay+3az-4bx+2by-6bz$$

(1) $(a+b)(2x+y+z)$

(2) $(2a+b)(x+y-z)$

(3) $(a-3b)(c-2d+3e)$

(4) $(3a+4b)(2x-3y+5z)$

(5) $(2x+y+1)(a+3)$

(6) $(x-2y+3)(3a-b)$

ポイント ─────────────────────────── 多項式 ↩ 4 ページ

同類項：多項式において、文字の部分が同じ項を同類項というよ。
同類項は１つにまとめて整理することができるんだ。
$$7x^2-5x^2=(7-5)x^2$$
$$=2x^2$$

2 次の式A、Bについて、A＋B、A－B を求めましょう。　　　1問　20点

例　　A＝$2x^2+3x-5$、B＝x^2-6x+1 のとき
A＋B＝$(2x^2+3x-5)+(x^2-6x+1)$
　　　＝$(2+1)x^2+(3-6)x+(-5+1)$
　　　＝$3x^2-3x-4$
A－B＝$(2x^2+3x-5)-(x^2-6x+1)$
　　　＝$2x^2+3x-5-x^2+6x-1$
　　　＝$(2-1)x^2+(3+6)x+(-5-1)$
　　　＝x^2+9x-6

(1) A＝$5x^2+2x+1$、B＝x^2+x+1

　　　　　　A＋B＝　　　　　　　　　　　　　A－B＝

(2) A＝$-3x^3+7x^2+4x-3$、B＝$2x^3-x^2+5x-7$

　　　　　　A＋B＝　　　　　　　　　　　　　A－B＝

指数法則って何？

累乗：$a \times a$、$a \times a \times a$ などのように、a をいくつか掛け合わせたものを a の累乗というよ。

指数：$\underset{n個}{\underline{a \times a \times \cdots \times a}}$ を a の n 乗といい、a^n で表すよ。また、a^n の n を指数というんだ。

累乗について、次の指数法則が成り立つよ。この計算法則を使うと、累乗の計算が素早くできるようになるんだ！

指数法則：m、n が正の整数のとき

I　　$a^m \times a^n = a^{m+n}$

II　　$(a^m)^n = a^{mn}$

III　　$(ab)^n = a^n b^n$

1 次の計算をしましょう。

1問　10点

例 $a^3 \times a^4 = (a \times a \times a) \times (a \times a \times a \times a) = a^{3+4} = a^7$
$(a^3)^4 = (a \times a \times a) \times (a \times a \times a) \times (a \times a \times a) \times (a \times a \times a) = a^{3 \times 4} = a^{12}$

(1) $a^2 \times a^3$

(2) $(a^4)^5$

(3) $(a^2)^3 \times a^5$

(4) $\{(a^3)^2\}^4$

(5) $a^2 \times a \times a^5$

(6) $a \times (a^2)^2 \times (a^3)^3$

2 次の計算をしましょう。

1問　5点

> **例** 文字、数はそれぞれ別々に計算する。
> $3x^2 \times (-5x^5) = 3 \times (-5) \times x^{2+5} = -15x^7$
> $(2a)^3 = 2^3 \times a^3 = 8a^3$
> $3x^2y \times 4x^3 = 3 \times 4 \times x^{2+3} \times y = 12x^5y$
> $(2xy^2)^3 = 2^3 \times x^3 \times y^{2\times 3} = 8x^3y^6$

(1) $-3x^2 \times 4x^4$

(2) $(-4x^2)^3$

(3) $(-3a^3)^2 \times (-2a^2)$

(4) $a^2 \times 5a \times (-2a)^3$

(5) $-7x^2y \times 2y^2$

(6) $(3x^2y^4)^3$

(7) $2x^3y \times x^4y^2$

(8) $(3x^2y)^2 \times 9xy^3$

分配法則と指数法則を使って式を展開しよう！

💡 **ポイント** ─────────────────────── 指数法則 ⤴ 8 ページ

交換法則：AB＝BA

分配法則：A(B＋C)＝AB＋AC、(A＋B)C＝AC＋BC

結合法則：(AB)C＝A(BC)

分配法則を使って、かっこをはずしていけば、必ず展開できるよ。

ここでは、分配法則と指数法則を意識して、式の展開をしよう！

1 次の式を展開しましょう。 1問 10点

例 $(a^3-3a^2)(a^2+4a)=a^3(a^2+4a)-3a^2(a^2+4a)$
$$=a^5+4a^4-3a^4-12a^3$$
$$=a^5+a^4-12a^3$$

(1) $-6x(x^2+2x-4)$

(2) $(x^2-4x+5)x^2$

(3) $xy^3(xy-8)$

(4) $(2x^2-7y)x^2y$

(5) $(2x^3+x^2)(3x^2+5x)$

(6) $(7x^2-2x^3)(4x^2-x)$

開始　　　時　　　分　　　終了　　　時　　　分　　　所要時間　　　　　分

---

2 次の式を展開しましょう。

1問　5点

例　$(x+4)(x^2+2x-3)=x(x^2+2x-3)+4(x^2+2x-3)$
$=x^3+2x^2-3x+4x^2+8x-12$
$=x^3+6x^2+5x-12$

(1) $(x-2)(x^2+x+1)$

(2) $(x+3)(x^2-2x+4)$

(3) $(2x^2-x+5)(x-7)$

(4) $(x^2+2x+3)(2x-3)$

(5) $(a^2+1)(a^2+a+1)$

(6) $(a+b)(a^2+ab+b^2)$

(7) $(3x-y)(x^2-3xy+y^2)$

(8) $(x^2+y^2)(x^2+xy+y^2)$

5 日目  確認問題①

1 次の式を展開しましょう。

1問　6点

↪ 5 ページ **3**、6 ページ **1**

(1) $(a+2b)(3c+4d)$

(2) $(3a-b)(2c-6d)$

(3) $(3x+5y)(4a+2b+c)$

(4) $(7x-6y)(a-3b-c)$

2 次の式A、Bについて、A+B、A−B を求めましょう。

1問　10点

↪ 7 ページ **2**

(1) A$=2x^2-3x+4$、B$=-x^2+5x-1$

A+B=　　　　　　　　　　　A−B=

(2) A$=x^3-8x^2-5x-2$、B$=-x^3+x^2-x-6$

A+B=　　　　　　　　　　　A−B=

3 次の計算をしましょう。

1問　6点

↪ 9 ページ **2**

(1) $5ab^2\times(-a^2b)$

(2) $(-2x^2y)^3\times(-xy^3)^2$

開始　　　時　　　分　　　　終了　　　時　　　分　　　　所要時間　　　　　分

(3) $2a^4 \times (-6a) \times (-3a)^2$

(4) $(-2x^3y^2)^4$

4 次の式を展開しましょう。

1問　8点

↩ 11 ページ 2

(1) $(x+8)(x^2+x-1)$

(2) $(a^2-a+4)(a^3-1)$

(3) $(a^2+ab-2b^2)(a-3b)$

(4) $(2x^3-x^2y-3y^3)(4x-3y)$

 〈数学の小話〉

0は本当に何もないの？

太古の昔、人類に知恵がつき、物の数を数えるようになったとき、1、2、3、…と指を折りながら数えました。「0」が発見されたのは、人類の歴史上、かなり後であることが知られています。「0」の意味は「何も存在しないこと」、例えば、「重さが0」というときは「重さがない」ことを意味します。一方で「0」は、基準を表すときにも用いられます。例えば、「現在地から東へ3km進んだ地点」というときの現在地は0kmです。このように、現代人は、「0」を場面ごとに使い分けています。建物の階数を示すとき、海外では、日本でいう建物の1階は、0階またはグランドフロアということがあります。この場合、0は基準を表す意味として用いられているのです。日本では、「2階建ての家」、「5階建ての家」などは個数としての数え方をしているので、地上を0階とするわけにはいかず、1階としているのでしょう。このように、「0」を、個数としての数え方と、位置としての数え方に使い分けているのが興味深いですね。

$(a+b)^2$、$(a-b)^2$ を展開してみよう！①

ポイント

$(a+b)^2$、$(a-b)^2$ をそれぞれ展開すると、
$(a+b)(a+b)=a(a+b)+b(a+b)=a^2+ab+ba+b^2=a^2+2ab+b^2$
$(a-b)(a-b)=a(a-b)-b(a-b)=a^2-ab-ba+b^2=a^2-2ab+b^2$
となるから、次の公式が得られるよ。
$(a+b)^2=a^2+2ab+b^2$
$(a-b)^2=a^2-2ab+b^2$

1 次の式を展開しましょう。

1問 **5点**

例 $(2a+3)^2=(2a)^2+2\cdot(2a)\cdot3+3^2$
$\qquad\qquad =4a^2+12a+9$

(1) $(a+1)^2$

(2) $(a+8)^2$

(3) $(a-2)^2$

(4) $(a-5)^2$

(5) $(2x+1)^2$

(6) $(3x-1)^2$

(7) $(3a+2)^2$

(8) $(5x-3)^2$

点

2 次の式を展開しましょう。　　　　　　　　　　　　1問　6点

例 $(a^2+2b)^2=(a^2)^2+2\cdot a^2\cdot(2b)+(2b)^2$
$$=a^4+4a^2b+4b^2$$

(1) $(2a+b)^2$　　　　　　　　　　　　(2) $(5x-y)^2$

(3) $(a+6b)^2$　　　　　　　　　　　　(4) $(x-7y)^2$

(5) $(5a-2b)^2$　　　　　　　　　　　(6) $(2x+3y)^2$

(7) $(3a^2+b)^2$　　　　　　　　　　　(8) $(x-5y^2)^2$

(9) $(4a^2+3b^2)^2$　　　　　　　　　　(10) $(7x^2-3y^2)^2$

$(a+b)^2$、$(a-b)^2$ を展開してみよう！②

💡 ポイント

式の一部を１つのまとまりと見ると、$(a+b)^2$ や $(a-b)^2$ の形になり、公式が使えるよ。
$(2a+b+3)^2$ において、$2a+b＝A$ とおくと、
$(2a+b+3)^2＝(A+3)^2$ となり、公式で展開できるよ。

1 次の式を展開しましょう。　　　　　　　　　　　　　　　　1問　10点

例 $(2a+b+3)^2$
$2a+b＝A$ とおくと、
$(2a+b+3)^2＝(A+3)^2$
$＝A^2+6A+9$
$＝(2a+b)^2+6(2a+b)+9$
$＝4a^2+4ab+b^2+12a+6b+9$

(1) $(a+b+5)^2$

(2) $(a-b-2)^2$

(3) $(2x+y+1)^2$

(4) $(x-2y-3)^2$

(5) $(3a-2b+6)^2$　　　　　　　　　　(6) $(2x+4y-5)^2$

2　次の式を展開しましょう。　　　　　　　　　　　　1問　10点

例 $(3a+b+c)^2$
文字におきかえず、（　）でくくって展開すると、
$$(3a+b+c)^2=\{(3a+b)+c\}^2$$
$$=(3a+b)^2+2(3a+b)c+c^2$$
$$=9a^2+6ab+b^2+6ac+2bc+c^2$$

(1) $(x+y+z)^2$　　　　　　　　　　(2) $(a+b-3c)^2$

(3) $(x-3y-5z)^2$　　　　　　　　　(4) $(x^3+x^2-2x)^2$

$(a+b)(a-b)$、$(x+a)(x+b)$ を展開してみよう！①

💡 **ポイント**

$(a+b)(a-b)=a(a-b)+b(a-b)$
$\qquad\qquad =a^2-ab+ba-b^2=a^2-b^2$
$(x+a)(x+b)=x(x+b)+a(x+b)$
$\qquad\qquad =x^2+bx+ax+ab=x^2+(a+b)x+ab$

この結果も公式として使えるよ。

$(a+b)(a-b)=a^2-b^2$ （和と差の積は平方の差）

$(x+a)(x+b)=x^2+\underset{和}{(a+b)}x+\underset{積}{ab}$ （x^2＋(和)x＋(積)）

1 次の式を展開しましょう。

1問 **5点**

> 例 $(2x+3)(2x-3)=(2x)^2-3^2$
> $\qquad\qquad\qquad\quad =4x^2-9$

(1) $(a+3)(a-3)$

(2) $(x-5)(x+5)$

(3) $(8-a)(8+a)$

(4) $(x+y)(x-y)$

(5) $(3x-2)(3x+2)$

(6) $(a^2+2a)(a^2-2a)$

(7) $(x+5y)(x-5y)$

(8) $(7a+2b)(7a-2b)$

点

2 次の式を展開しましょう。　　　　　　　　　　　　　　1問　6点

例 $(x+2)(x+3)=x^2+(2+3)x+2\cdot3$
$\qquad\qquad\qquad=x^2+5x+6$

(1) $(x+3)(x+7)$

(2) $(a+4)(a+5)$

(3) $(a+6)(a-2)$

(4) $(x+7)(x-2)$

(5) $(x-8)(x+1)$

(6) $(a-3)(a+9)$

(7) $(a-4)(a-7)$

(8) $(x-5)(x-6)$

(9) $2(a+2)(a-9)$

(10) $-3(x-2)(x-3)$

$(a+b)(a-b)$、$(x+a)(x+b)$ を展開してみよう！②

💡 **ポイント**

式の一部を１つのまとまりと見ると、$(a+b)(a-b)$ や $(x+a)(x+b)$ の形になり、公式が使えるよ。

1 次の式を展開しましょう。

1問　10点

例 $(a+b-4)(a+b+4)$
$a+b=A$ とおくと、
$(a+b-4)(a+b+4)=(A-4)(A+4)$
$=A^2-4^2$
$=(a+b)^2-16$
$=a^2+2ab+b^2-16$

(1) $(x-y-3)(x-y+3)$

(2) $(a+b+6)(a+b-6)$

(3) $(a+2b+5)(a+2b-5)$

(4) $(3x-y-4)(3x-y+4)$

(5) $(2x+3y-1)(2x+3y+1)$

(6) $(4a+b+c)(4a+b-c)$

2 次の式を展開しましょう。　　　　　　　　　　　　　　1問　8点

例 $(x+2y+3)(x+2y+2)$
$x+2y=A$ とおくと、
$(x+2y+3)(x+2y+2)=(A+3)(A+2)$
$\qquad\qquad\qquad\qquad=A^2+5A+6$
$\qquad\qquad\qquad\qquad=(x+2y)^2+5(x+2y)+6$
$\qquad\qquad\qquad\qquad=x^2+4xy+4y^2+5x+10y+6$

(1) $(a+b-5)(a+b+2)$　　　　　　(2) $(3a+b+4)(3a+b-6)$

(3) $(a+2b+4)(a-3b+4)$　　　　　(4) $(x^2+2x+9)(x^2+2x-1)$

(5) $(x^2+xy+y^2)(x^2+3xy+y^2)$

$(ax+b)(cx+d)$ を展開してみよう！

10日目

💡 **ポイント**

$(ax+b)(cx+d)$ を展開すると、
$$(ax+b)(cx+d)=ax(cx+d)+b(cx+d)$$
$$=acx^2+adx+bcx+bd$$
$$=acx^2+(ad+bc)x+bd$$
これも公式として利用しよう。
$(ax+b)(cx+d)=acx^2+(ad+bc)x+bd$

1 次の式を展開しましょう。

1問 6点

例 $(2x+5)(3x-4)=2\cdot3x^2+\{2\cdot(-4)+5\cdot3\}x+5\cdot(-4)$
$$=6x^2+7x-20$$

(1) $(x+3)(2x+1)$

(2) $(2a+5)(a-3)$

(3) $(2x-1)(3x-4)$

(4) $(4a-1)(3a+2)$

(5) $(2x+7)(3x-2)$

(6) $(5a-6)(2a+3)$

2 次の式を展開しましょう。　　　　　　　　　　　　1問　8点

例　$(2x+3y)(5x-4y)=2\cdot5x^2+\{2\cdot(-4y)+(3y)\cdot5\}x+3y\cdot(-4y)$
　　　　　　　　　　　　$=10x^2+7xy-12y^2$

(1) $(2x+5y)(x+2y)$　　　　　　　　　(2) $(3a+2b)(a-5b)$

(3) $(x+7y)(6x+5y)$　　　　　　　　　(4) $(2x-5y)(3x+2y)$

(5) $(5a+3b)(4a-7b)$　　　　　　　　　(6) $(9a-4b)(2a+3b)$

(7) $(7a-5b)(2a-3b)$　　　　　　　　　(8) $(4x^2+3y^2)(3x^2-4y^2)$

展開の公式を利用して計算しよう！

11日目

展開の公式 ⮌ 14、18 ページ

ポイント

$(a+b)^2=a^2+2ab+b^2$、$(a+b)(a-b)=a^2-b^2$ などの公式は、式の計算にも利用できるよ。

1 展開の公式を利用して、次の計算をしましょう。 1問 10点

例 $51^2=(50+1)^2=50^2+2\cdot50\cdot1+1^2=2500+100+1=2601$

(1) 32^2

(2) 49^2

(3) 99^2

(4) 8.1^2

2 $234^2=54756$ です。この結果を用いて、5234^2 を工夫して計算しましょう。

10点

例 $124^2=15376$ を利用した 5124^2 の計算
$$5124^2=(5000+124)^2$$
$$=5000^2+2\cdot5000\cdot124+124^2$$
$$=25000000+1240000+15376=26255376$$

3 展開の公式を利用して、次の計算をしましょう。　　　　1問　10点

例 $98 \times 102 = (100-2)(100+2)$
$= 100^2 - 2^2 = 9996$

(1) 101×99

(2) 71×69

(3) 105×95

(4) 3.2×2.8

4 $664^2 - 660 \times 668$ を工夫して計算しましょう。　　　　10点

例 $333^2 - 330 \times 336$
$= 333^2 - (333-3)(333+3)$
$= 333^2 - (333^2 - 3^2)$
$= 333^2 - 333^2 + 3^2 = 9$

12日目 確認問題②

---

1 次の式を展開しましょう。

1問　6点
↩15 ページ **2**、18 ページ **1**

(1) $(x-2y)^2$

(2) $(3a+4b)^2$

(3) $(2x-3y)^2$

(4) $(a-6)(a+6)$

(5) $(5x+2)(5x-2)$

(6) $(2a-3b)(2a+3b)$

2 次の式を展開しましょう。

1問　7点
↩17 ページ **2**、21 ページ **2**

(1) $(a+b+2c)^2$

(2) $(2x-y-z)^2$

(3) $(x+2y-3)(x+2y+2)$

(4) $(x^2-3x-7)(x^2-3x+1)$

3 次の式を展開しましょう。

1問　6点

↩ 23 ページ 2

(1) $(2a+5b)(3a-b)$

(2) $(9x-2y)(2x+5y)$

(3) $(3ab+2c)(2ab-3c)$

(4) $(5a-3b)(3a-2b)$

4 展開の公式を利用して、次の計算をしましょう。

1問　6点

↩ 24 ページ 1 、25 ページ 3

(1) 29^2

(2) 51×49

〜 数学の小話 〜

サッカーのゴールの網目の形

サッカーのゴールネットの形って、どんなものがあるかご存じでしょうか。以前は四角形でしたが、近年は正六角形のものが多くなっています。なぜ、正六角形なのでしょうか？四角の網目と違って、六角の網目は、従来の縦と横以外に、斜めにも伸縮するので、ボールがネットに突き刺さるとき、網目に吸い込まれて、下に落ちるまでの時間を長くすることができます。そのため、ボールが一瞬止まったように見え、ゴールのシーンを、長く演出できるという利点があります。ゴールの瞬間をより劇的に見てもらいたいという思いが、この正六角形という形に込められているのを感じますね。

$(a+b)^3$、$(a-b)^3$ を展開してみよう！①

💡 **ポイント**

$(a+b)^3$ を展開すると、
$(a+b)^3=(a+b)^2(a+b)$
$\qquad =(a^2+2ab+b^2)(a+b)=(a^2+2ab+b^2)a+(a^2+2ab+b^2)b$
$\qquad =a^3+2a^2b+ab^2+a^2b+2ab^2+b^3$
$\qquad =a^3+3a^2b+3ab^2+b^3$

この結果より、
$\quad (a-b)^3=\{a+(-b)\}^3=a^3+3a^2(-b)+3a(-b)^2+(-b)^3$
$\qquad\qquad =a^3-3a^2b+3ab^2-b^3$

よって、
$\quad (a+b)^3=a^3+3a^2b+3ab^2+b^3$
$\quad (a-b)^3=a^3-3a^2b+3ab^2-b^3$

が公式として利用できるよ。

1 次の式を展開しましょう。 　　　　　　　　　　　　1問　6点

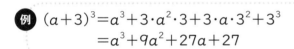

例 $(a+3)^3=a^3+3\cdot a^2\cdot 3+3\cdot a\cdot 3^2+3^3$
$\qquad\qquad =a^3+9a^2+27a+27$

(1) $(a+2)^3$

(2) $(x+4)^3$

(3) $(a-1)^3$

(4) $(x-2)^3$

(5) $(a+5)^3$

(6) $(x-3)^3$

点

2 次の式を展開しましょう。 　　　　　　　　　　　　　1問　8点

> **例** $(x-5y)^3 = x^3 - 3 \cdot x^2 \cdot (5y) + 3 \cdot x \cdot (5y)^2 - (5y)^3$
> $\qquad\qquad = x^3 - 15x^2y + 75xy^2 - 125y^3$

(1) $(a+2b)^3$

(2) $(a+3b)^3$

(3) $(x-y)^3$

(4) $(x-2y)^3$

(5) $(a+6b)^3$

(6) $(x-7y)^3$

(7) $(x-8y)^3$

(8) $(a-4b)^3$

$(a+b)^3$、$(a-b)^3$ を展開してみよう！②

1 次の式を展開しましょう。

1問 8点

例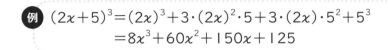

$(2x+5)^3=(2x)^3+3\cdot(2x)^2\cdot5+3\cdot(2x)\cdot5^2+5^3$
$=8x^3+60x^2+150x+125$

(1) $(2a+1)^3$

(2) $(5x+2)^3$

(3) $(3a-2)^3$

(4) $(3x-1)^3$

(5) $(2a-7)^3$

(6) $(4x+3)^3$

(7) $(x^2+2)^3$

(8) $(-a-1)^3$

2 次の式を展開しましょう。　　　　　　　　　　　　1問　6点

例 $(2a-3b)^3=(2a)^3-3\cdot(2a)^2\cdot(3b)+3\cdot(2a)\cdot(3b)^2-(3b)^3$
　　　　　　$=8a^3-36a^2b+54ab^2-27b^3$

(1) $(2a+b)^3$

(2) $(3x-y)^3$

(3) $(2a+3b)^3$

(4) $(5a-3b)^3$

(5) $(-a^2+3)^3$

(6) $(-2a-b)^3$

$(a+b)(a^2-ab+b^2)$、$(a-b)(a^2+ab+b^2)$ を展開してみよう！①

ポイント ━━━━━━━━━━━━━━━━━ **展開の公式** ↻ 18、28 ページ

まずは、これまでに学んだ公式、
$(a-b)^3=a^3-3a^2b+3ab^2-b^3$
$(a+b)(a-b)=a^2-b^2$
を組み合わせて使う計算にチャレンジしよう。

1 次の式を展開しましょう。　　　　　　　　　　　　　　　　1問　10点

例　　$(x+1)^3(x-1)^3$　　← 先に、$(x+1)^3$、$(x-1)^3$ の計算をすると大変！
$=\{(x+1)(x-1)\}^3$　　┐
$=(x^2-1)^3$　　　　　　┘ $(x+1)(x-1)$ の計算を先にする
$=x^6-3x^4+3x^2-1$

(1) $(a+2)^3(a-2)^3$　　　　　　　　　　(2) $(x+3)^3(x-3)^3$

(3) $(2x+1)^3(2x-1)^3$　　　　　　　　　(4) $(a+2b)^3(a-2b)^3$

ポイント

$(a+b)(a^2-ab+b^2)$、$(a-b)(a^2+ab+b^2)$ を展開すると、次のようになるよ。
$(a+b)(a^2-ab+b^2)=a(a^2-ab+b^2)+b(a^2-ab+b^2)$
$\qquad\qquad\qquad =a^3-a^2b+ab^2+a^2b-ab^2+b^3=a^3+b^3$
$(a-b)(a^2+ab+b^2)=a(a^2+ab+b^2)-b(a^2+ab+b^2)$
$\qquad\qquad\qquad =a^3+a^2b+ab^2-a^2b-ab^2-b^3=a^3-b^3$
この結果を公式として使うよ。
$\qquad (a+b)(a^2-ab+b^2)=a^3+b^3$
$\qquad (a-b)(a^2+ab+b^2)=a^3-b^3$

2 次の式を展開しましょう。　　　　　　　1問　10点

例 $(a+3)(a^2-3a+9)=a^3+3^3=a^3+27$
$(x-5)(x^2+5x+25)=x^3-5^3=x^3-125$

(1) $(a+1)(a^2-a+1)$　　　　　(2) $(x+4)(x^2-4x+16)$

(3) $(x-3)(x^2+3x+9)$　　　　　(4) $(a-2)(a^2+2a+4)$

(5) $(a+5)(a^2-5a+25)$　　　　　(6) $(x-6)(x^2+6x+36)$

16 日目

$(a+b)(a^2-ab+b^2)$、$(a-b)(a^2+ab+b^2)$ を展開してみよう！②

1 次の式を展開しましょう。

1問 5点

例 $(a+5b)(a^2-5ab+25b^2)=a^3+(5b)^3=a^3+125b^3$
$(x-3y)(x^2+3xy+9y^2)=x^3-(3y)^3=x^3-27y^3$

(1) $(a+3b)(a^2-3ab+9b^2)$

(2) $(x+7y)(x^2-7xy+49y^2)$

(3) $(a-4b)(a^2+4ab+16b^2)$

(4) $(x-5y)(x^2+5xy+25y^2)$

(5) $(a-10b)(a^2+10ab+100b^2)$

(6) $(x+8y)(x^2-8xy+64y^2)$

(7) $\left(a-\dfrac{1}{3}\right)\left(a^2+\dfrac{1}{3}a+\dfrac{1}{9}\right)$

(8) $\left(x+\dfrac{2}{3}\right)\left(x^2-\dfrac{2}{3}x+\dfrac{4}{9}\right)$

2 次の式を展開しましょう。　　　　　　　　　　　　　1問　6点

例) $(2x-5)(4x^2+10x+25)=(2x)^3-5^3=8x^3-125$
$(2a+3b)(4a^2-6ab+9b^2)=(2a)^3+(3b)^3=8a^3+27b^3$

(1) $(2a-1)(4a^2+2a+1)$ 　　　　(2) $(3x+1)(9x^2-3x+1)$

(3) $(3a+2)(9a^2-6a+4)$ 　　　　(4) $(2x-3)(4x^2+6x+9)$

(5) $(5a-3)(25a^2+15a+9)$ 　　　　(6) $(4x+5)(16x^2-20x+25)$

(7) $(3a+b)(9a^2-3ab+b^2)$ 　　　　(8) $(5x-y)(25x^2+5xy+y^2)$

(9) $(2a-5b)(4a^2+10ab+25b^2)$ 　　　　(10) $(3x+2y)(9x^2-6xy+4y^2)$

工夫して展開しよう!

ポイント

$(a+b+c)^2$ の展開は、7日目で学んだように、$a+b$ を1つのまとまりと見て、

$$(a+b+c)^2=\{(a+b)+c\}^2$$
$$=(a+b)^2+2(a+b)c+c^2$$
$$=a^2+2ab+b^2+2ac+2bc+c^2$$

と展開できたね。この展開式も利用しよう。

$$(a+b+c)^2=a^2+b^2+c^2+2ab+2bc+2ca$$

1 次の式を展開しましょう。

1問 10点

例 $(a+3b-5)^2=a^2+(3b)^2+(-5)^2+2\cdot a\cdot(3b)+2\cdot(3b)\cdot(-5)+2\cdot(-5)\cdot a$
$=a^2+9b^2+6ab-10a-30b+25$

(1) $(a+b+1)^2$

(2) $(a+2b-1)^2$

(3) $(x+y+2z)^2$

(4) $(2x+y-z)^2$

(5) $(3a+2b+c)^2$

(6) $(2a-5b-c)^2$

ポイント

複雑な式の展開は、式の一部を1つのまとまりと見たり、展開する順序を工夫したりして、公式を利用することを考えよう。

2 次の式を展開しましょう。

1問　10点

例 (1)　$(x+2)^2(x-3)^2=\{(x+2)(x-3)\}^2$
$=(x^2-x-6)^2$
$=(x^2)^2+(-x)^2+(-6)^2+2\cdot x^2\cdot(-x)+2\cdot(-x)\cdot(-6)+2\cdot(-6)\cdot x^2$
$=x^4-2x^3-11x^2+12x+36$

(2)　$(x-1)(x-2)(x-3)(x-4)=(x-1)(x-4)(x-2)(x-3)$

$=(x^2-5x+4)(x^2-5x+6)$
$=(x^2-5x)^2+10(x^2-5x)+24$　　← x^2-5x を1つのまとまりと見る
$=x^4-10x^3+35x^2-50x+24$

(1) $(x+y)^2(x-y)^2$

(2) $(a-b)^2(a+2b)^2$

(3) $(x+1)(x+2)(x+3)(x+4)$

(4) $(a-1)(a-3)(a+2)(a+4)$

18日目 確認問題③

1 次の式を展開しましょう。

↩ 28 ページ **1**、29 ページ **2**、31 ページ **2**、33 ページ **2**、35 ページ **2**

1問　8点

(1) $(a+1)^3$

(2) $(x-4)^3$

(3) $(x+2y)^3$

(4) $(5a-2b)^3$

(5) $(x+5)(x^2-5x+25)$

(6) $(3a-b)(9a^2+3ab+b^2)$

(7) $(4x-3y)(16x^2+12xy+9y^2)$

(8) $(3xy+2z)(9x^2y^2-6xyz+4z^2)$

2 次の式を展開しましょう。

1問　9点

↩ 32 ページ **1** 、36 ページ **1** 、37 ページ **2**

(1) $(a+b)^3(a-b)^3$

(2) $(2a+b+c)^2$

(3) $(x+2)^2(x-1)^2$

(4) $(x-5)(x-3)(x+2)(x+4)$

〈数学の小話〉

3÷0＝0？

中学生のとき、次の「0と数の計算」について、学んだことを覚えているでしょうか。

0＋3＝3	3＋0＝3	0－3＝－3	3－0＝3
0×3＝0	3×0＝0	0÷3＝0	3÷0＝?

3÷0＝0 と間違って覚えていた人もいるようですが、3÷0 の答えを、仮に□とします。すると、3÷0＝□ より、3＝□×0

となりますが、この式は成り立ちません。なぜなら、□にどんな数を当てはめても、左辺＝3、右辺＝0 となり、矛盾が生じるからです。そのような□に当てはまる数が存在しないので、0で割る割り算は考えないのです。

共通因数をくくり出そう！①

💡 **ポイント** ────────────────────────────── 多項式、項 ↩ 4 ページ

因数分解：8日目で学んだように、$(x+2)(x+3)$ を展開すると、

$$(x+2)(x+3)=x^2+5x+6$$

となり、左辺と右辺を入れかえると、

$$x^2+5x+6=(x+2)(x+3)$$

となるね。このように、式の展開とは逆に、1つの多項式を、いくつかの多項式を掛け合わせた形に表すことを因数分解というよ。また、その1つ1つの式をもとの式の因数というんだ。

$$4x^2-y^2 \underset{展開}{\overset{因数分解}{\rightleftarrows}} \underbrace{(2x+y)(2x-y)}_{因数}$$

因数分解の基本は、多項式の各項に共通な因数があれば、その共通因数をかっこの外にくくり出すことだよ。

$$\underset{\uparrow}{A}B+\underset{\uparrow}{A}C=A(B+C)$$

Aが共通因数

---

1 次の式を因数分解しましょう。

1問　5点

例 $12a^2b-6ab^2=6ab\cdot2a-6ab\cdot b=6ab(2a-b)$

(1) x^2+4x

(2) $4xy+7y$

(3) $2a^2-6a$

(4) $-2x^3-5x^2y$

(5) $3ab^2-18ab$

(6) $25xyz+15xz$

2 次の式を因数分解しましょう。　　　　　　　　　　　　1問　10点

例　$8ab-6bc+4bd=2b\cdot4a+2b\cdot(-3c)+2b\cdot2d=2b(4a-3c+2d)$

(1) $2x^3+x^2+x$

(2) $a^2+ab+ac$

(3) $12ax-3ay-9az$

(4) $a^2x^3+3ax^2+ax$

(5) $3x^2y-6xy+xy^2$

(6) $x^2y^3+xy^2-xy$

(7) $6a^3x^2y-36ax^3y^2+18a^2xy^3$

共通因数をくくり出そう！②

💡 **ポイント**

各項に共通な因数がない場合も、項の組み合わせによって共通因数がつくれることがあるよ。

1 次の式を因数分解しましょう。　　　　　　　　　　　　　　　1問　8点

例 $m(x-y)-nx+ny=m(x-y)-n(x-y)$
$$=(m-n)(x-y)$$

(1) $3(x+1)-x(x+1)$

(2) $(2a+b)x+(4a+2b)y$

(3) $2a(x-2y)+4b(2y-x)$

(4) $(a-b)^2-2(b-a)$

(5) $3(a+b)^2c-2a-2b$

(6) $c(a-b)-a+b$

(7) $2a(x-y)+4x-4y$

(8) $4a(p-2q)-2p+4q$

2 次の式を因数分解しましょう。　　　　　　　　　　1問　6点

例 $\underline{xyz+x^2y-x-z}=(\underline{xyz-z})+(\underline{x^2y-x})$
　　　　　　　　　　$=(xy-1)z+(xy-1)x$
　　　　　　　　　　$=(xy-1)(x+z)$

(1) $ax+bx+a+b$

(2) $ab+b-ac-c$

(3) $3ax-4bx+4by-3ay$

(4) $xy-xz-2y+2z$

(5) $xyz-x^2y+x-z$

(6) $a^3b-a^2c+bc-ab^2$

21 日目

$(a+b)^2$、$(a-b)^2$ を使って 因数分解しよう！①

ポイント ────────────────────────── **展開の公式** ⤴ 14 ページ

$(a+b)^2$、$(a-b)^2$ の展開の公式を逆に使うと、
次の因数分解の公式が得られるよ。
$$a^2+2ab+b^2=(a+b)^2$$
$$a^2-2ab+b^2=(a-b)^2$$

1 次の式を因数分解しましょう。　　　　　　　　　　1問　6点

例 $a^2+14a+49=a^2+2\cdot7\cdot a+7^2$
$\qquad\qquad\quad=(a+7)^2$

(1) a^2+6a+9

(2) $x^2+12x+36$

(3) a^2-4a+4

(4) $x^2-8x+16$

(5) $a^2-\dfrac{1}{2}a+\dfrac{1}{16}$

(6) $x^2-3x+\dfrac{9}{4}$

2 次の式を因数分解しましょう。 　　　　　　　　　　　　1問　8点

例
$$16a^2 + 24ab + 9b^2$$
$$= (4a)^2 + 2 \cdot (4a) \cdot (3b) + (3b)^2$$
$$= (4a + 3b)^2$$

(1) $4a^2 + 12a + 9$

(2) $16x^2 + 56x + 49$

(3) $25a^2 - 10a + 1$

(4) $9x^2 - 30x + 25$

(5) $9a^2 - 12ab + 4b^2$

(6) $16x^2 + 4xy + \dfrac{1}{4}y^2$

(7) $4a^2 - \dfrac{4}{5}ab + \dfrac{1}{25}b^2$

(8) $9x^2y^2 - 2xy + \dfrac{1}{9}$

$(a+b)^2$、$(a-b)^2$ を使って因数分解しよう！②

💡 ポイント

複雑な式では、まず、はじめに共通因数でくくると、
$a^2+2ab+b^2$、$a^2-2ab+b^2$
の形が現れることがあるよ。

1 次の式を因数分解しましょう。　　　　　　　　　　　1問　6点

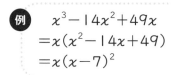

例
x^3-14x^2+49x
$=x(x^2-14x+49)$
$=x(x-7)^2$

(1) $2a^2-12a+18$

(2) $3x^2+12x+12$

(3) $-4x^2+8x-4$

(4) $-3a^2+18a-27$

(5) x^3+10x^2+25x

(6) $a^3b-18a^2b+81ab$

2 次の式を因数分解しましょう。　　　　　　　　　　　　　1問　8点

例　　$2x^2y+16xy^2+32y^3$　　　　　　$3(x-y)^2-12(x-y)+12$
　　　$=2y(x^2+8xy+16y^2)$　　　　$=3\{(x-y)^2-4(x-y)+4\}$
　　　$=2y(x+4y)^2$　　　　　　　　$=3(x-y-2)^2$

(1) $8x^2+40xy+50y^2$　　　　　　(2) $8a^3-24a^2+18a$

(3) $4x^2y^2+12xy^2+9y^2$　　　　　(4) $3ab^3-18ab^2c+27abc^2$

(5) $3(x+y)^2-6(x+y)+3$　　　　(6) $a(m+n)^2+4a(m+n)+4a$

(7) $(a-b)x^2+6(a-b)x+9(a-b)$　　(8) $(x+2y)x^2-10(x+2y)x+25(x+2y)$

23 日目 $(a+b)(a-b)$ を使って因数分解しよう！①

💡 **ポイント** ──────────────────── **展開の公式** ↵18ページ

$(a+b)(a-b)$ の展開の公式も逆に使うと、因数分解の公式ができるよ。
$$a^2-b^2=(a+b)(a-b)$$

---

1 次の式を因数分解しましょう。　　　　　　　　1問　6点

例 $49a^2-100=(7a)^2-(10)^2$
$=(7a+10)(7a-10)$

(1) a^2-9

(2) x^2-144

(3) $4a^2-25$

(4) $36x^2-49$

(5) $\dfrac{x^2}{4}-1$

(6) $\dfrac{a^2}{25}-\dfrac{1}{9}$

2 次の式を因数分解しましょう。

1問　8点

例 $16x^2-25y^2=(4x)^2-(5y)^2$
$\qquad\qquad\quad=(4x+5y)(4x-5y)$

$8x^2y^2-50=2(4x^2y^2-25)$
$\qquad\qquad\quad=2\{(2xy)^2-5^2\}$
$\qquad\qquad\quad=2(2xy+5)(2xy-5)$

(1) x^2-4y^2

(2) $4x^2-49y^2$

(3) $x^2-y^2z^2$

(4) $x^2y^2-16a^2$

(5) $3x^2-75y^2$

(6) ax^2-9ay^2

(7) $2y^2z-8x^2z^3$

(8) $12a^3b-3ab^3$

24日目 $(a+b)(a-b)$ を使って因数分解しよう！②

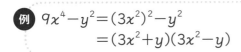

1 次の式を因数分解しましょう。　　　　　　　　　　1問　5点

> **例** $9x^4-y^2=(3x^2)^2-y^2$
> $\qquad\qquad=(3x^2+y)(3x^2-y)$

(1) $4x^4-y^2$

(2) $4x^2-9y^4$

(3) $9x^4y^2-16z^2$

(4) $-49x^4+a^2b^2$

(5) $3a^4-27$

(6) $4x^4-16y^4$

2 次の式を因数分解しましょう。　　　　　　　　　　1問　10点

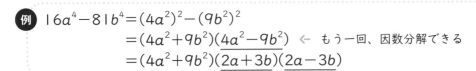

> **例** $16a^4-81b^4=(4a^2)^2-(9b^2)^2$
> $\qquad\qquad=(4a^2+9b^2)\underline{(4a^2-9b^2)}$　← もう一回、因数分解できる
> $\qquad\qquad=(4a^2+9b^2)\underline{(2a+3b)(2a-3b)}$

(1) $a^4 - 1$

(2) $x^4 - 81$

(3) $a^4 - 16b^4$

(4) $2a^8 - 2b^4$

(5) $x^4 y^2 - y^6 z^4$

(6) $x^8 - y^8$

(7) $256a^8 - 1$

因数分解を利用して計算しよう！

11日目で展開の公式を利用したときのように、因数分解を利用すると、数の計算が簡単にできることがあるよ。

---

1 因数分解を利用して、次の計算をしましょう。　　　　　　　　1問　9点

例 $3.75^2 - 2.25^2 = (3.75 + 2.25)(3.75 - 2.25)$
$\qquad\qquad = 6 \times 1.5 = 9$

(1) $39^2 - 31^2$

(2) $52^2 - 48^2$

(3) $250^2 - 350^2$

(4) $135^2 - 115^2$

(5) $30.5^2 - 19.5^2$

(6) $9.99^2 - 0.01^2$

2 因数分解を利用して、次の計算をしましょう。

1問　9点

例 $163^2+2\times163\times37+37^2=(163+37)^2$
$$=200^2$$
$$=40000$$

(1) $83^2+2\times83\times17+17^2$

(2) $74^2-2\times74\times14+14^2$

(3) $19^2+19\times42+21^2$

(4) $35^2+15^2-70\times15$

3 連続する2つの奇数について、大きい方の奇数の2乗から、小さい方の奇数の2乗を引くと、ある数の倍数になります。どんな数の倍数になるでしょうか。小さい方の奇数を、$2n-1$とおいて考えてみましょう。

10点

確認問題④

1 次の式を因数分解しましょう。

↩ **40** ページ **1** 、 **41** ページ **2** 、 **42** ページ **1** 、 **44** ページ **1** 、 **45** ページ **2**

1問 **8点**

(1) $a^2 - 7ab$

(2) $8x^2 + 4x^2 y$

(3) $24ax - 24ay + 3az$

(4) $3x(a - 2b) + 2b - a$

(5) $x^2 - 24x + 144$

(6) $a^2 - a + \dfrac{1}{4}$

(7) $\dfrac{1}{4}x^2 + \dfrac{1}{3}x + \dfrac{1}{9}$

(8) $a^2 + 26ab + 169b^2$

2 次の式を因数分解しましょう。　　　　　　　　　　　　　1問　6点

 46 ページ **1**、47 ページ **2**、48 ページ **1**、49 ページ **2**、50 ページ **2**

(1) $2ax^3 - 12ax^2 + 18ax$

(2) $18ax^2 + 60axy + 50ay^2$

(3) $9x^2 - 4$

(4) $27a^2 - 75b^2$

(5) $3axy^2 - 27ax$

(6) $x^4 - 16$

〈数学の小話〉

暗号と素因数分解

素数とは、1とその数以外に約数がない自然数のことで、1は含まず、2、3、5、7、11、13、17、19、…などです。また、素因数分解とは、自然数を素数の積の形に表すことです。例えば、15を素因数分解すると、3×5になります。では、3397を、時間をかけずに素因数分解できるでしょうか。ちなみに、3397を素因数分解すると、43×79 になります。これは、3397を、小さい素数から順に割っていくという地道な方法で計算することができます。このように、桁数が多くなると、素因数分解が困難になる特性を利用したシステム（暗号という）が、世の中に存在します。この暗号を使うことにより、インターネット上での情報のやりとりが、第三者に漏れることなく行われるのです。素因数分解は、この世に欠かせないものであることがわかります。

$(x+a)(x+b)$ を使って因数分解しよう！①

 ポイント ───────────────────── 展開の公式 ⤴ 18 ページ

 展開の公式 $(x+a)(x+b)=x^2+(a+b)x+ab$ より、
x^2+px+q について、和がp、積がqとなる2数a、bを見つければ、
$x^2+px+q=(x+a)(x+b)$ のように因数分解ができるよ。

---

1 次の式を因数分解しましょう。 1問 6点

例 $x^2-4x-12$ について、
和が-4、積が-12となる2数は2と-6であるから、
$x^2-4x-12=(x+2)(x-6)$

(1) x^2+4x+3 (2) x^2+9x+8

(3) $x^2-9x+18$ (4) $x^2-7x+10$

(5) $a^2-5a-50$ (6) $a^2+2a-80$

2 次の式を因数分解しましょう。　　　　　　　　　　1問　8点

例 $x^2-11xy+28y^2$ について、
　　和が $-11y$、積が $28y^2$ となる2式は $-4y$ と $-7y$ であるから、
　　　$x^2-11xy+28y^2=(x-4y)(x-7y)$

(1) $x^2+17xy+42y^2$

(2) $a^2+16ab+28b^2$

(3) $x^2-7xy+12y^2$

(4) $x^2+6ax-7a^2$

(5) $x^2-2ax-35a^2$

(6) $a^2-ab-20b^2$

(7) $x^2+11xy-26y^2$

(8) $a^2-3ab+2b^2$

$(x+a)(x+b)$ を使って因数分解しよう！②

複雑な式でもまず、共通因数でくくると、$x^2+(a+b)x+ab$ の形が現れ、27日目のやり方で因数分解できることがあるよ。

$$mx^2+m(a+b)x+mab=m\{x^2+(a+b)x+ab\}$$
$$=m(x+a)(x+b)$$

1 次の式を因数分解しましょう。　　　　　　　　　　1問　6点

例 $3a^2-3a-60=3(a^2-a-20)$
　　　　　　　　$=3(a+4)(a-5)$

(1) $2x^2+24x+54$

(2) $4a^2-4a-24$

(3) $3a^2-24a+36$

(4) $4x^2+36x+32$

(5) $2a^2-6a+4$

(6) $5x^2+15x-50$

2 次の式を因数分解しましょう。　　　　　　　　　　　　　1問　8点

例 $x^2y-2xy^2-15y^3=y(x^2-2xy-15y^2)$
$\qquad\qquad\qquad =y(x+3y)(x-5y)$

(1) $ax^2-4ax-12a$

(2) $-3ax^2+9ax+12a$

(3) $4a^2+36ab+80b^2$

(4) $x^2y+4xy^2-12y^3$

(5) $a^3-13a^2b+12ab^2$

(6) $3a^3-33a^2b+54ab^2$

(7) $2xy^2z^2-10xyz-28x$

(8) $2x^3y+6x^2y^2+4xy^3$

$(ax+b)(cx+d)$ を使って因数分解しよう！①

展開の公式 ↩ 22ページ

ポイント

展開の公式 $(ax+b)(cx+d)=acx^2+(ad+bc)x+bd$ から、px^2+qx+r について、$p=ac$、$r=bd$、$q=ad+bc$ となる a、b、c、d を見つければ、$px^2+qx+r=(ax+b)(cx+d)$ のように因数分解できるよ。
これは右のような図をかいて、積がそれぞれ p、r となる組 a、c と b、d を上下に書いて、斜めに掛けて $ad+bc$ を計算するんだ。この値が q となれば、$(ax+b)(cx+d)$ のように因数分解できるよ。
一度で $ad+bc=q$ となる組 a、c と b、d が見つけられるとは限らないので、何度かやり直して見つけよう。

$$
\begin{array}{ccc}
p & & r \\
a & \diagdown & b \cdots bc \\
c & \diagup & d \cdots ad \\
\hline
& & ad+bc \cdots q
\end{array}
$$

1 次の式を因数分解しましょう。

1問　6点

例
$2x^2+11x+12$
$=(2x+3)(x+4)$

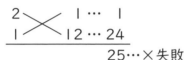
$$
\begin{array}{ccc}
2 & \diagdown & 1 \cdots 1 \\
1 & \diagup & 12 \cdots 24 \\
\hline
& & 25 \cdots \times 失敗
\end{array}
$$

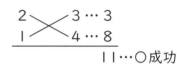
$$
\begin{array}{ccc}
2 & \diagdown & 3 \cdots 3 \\
1 & \diagup & 4 \cdots 8 \\
\hline
& & 11 \cdots \bigcirc 成功
\end{array}
$$

(1) $5x^2+8x+3$

(2) $7x^2+17x+6$

(3) $3x^2+4x-7$

(4) $2x^2-5x-3$

(5) $2a^2-5a+2$

(6) $3a^2+7a-6$

2 次の式を因数分解しましょう。　　　　　　　　　　　　　　　　1問　8点

例　$4x^2+4xy-15y^2$
$=(2x+5y)(2x-3y)$

$$\begin{array}{l} 2 \diagdown \quad 5y \cdots 10y \\ 2 \diagup\!\!\!\!\diagdown -3y \cdots -6y \\ \hline \qquad\qquad\qquad 4y \end{array}$$

(1) $6x^2+17xy+5y^2$

(2) $4x^2+8xy-5y^2$

(3) $10a^2+9ab-9b^2$

(4) $6a^2+37ab+6b^2$

(5) $12x^2-13xy-4y^2$

(6) $14x^2-11xy-15y^2$

(7) $2a^2-7ab+5b^2$

(8) $6x^2-19xy+15y^2$

30日目 $(ax+b)(cx+d)$ を使って因数分解しよう！②

💡 **ポイント**

複雑な式でもまず、共通因数でくくると、$acx^2+(ad+bc)x+bd$ の形の式になり、29日目のやり方で因数分解ができることがあるよ。

$$macx^2+m(ad+bc)x+mbd=m\{acx^2+(ad+bc)x+bd\}$$
$$=m(ax+b)(cx+d)$$

1 次の式を因数分解しましょう。　　　　　　　　1問　6点

例　$8x^2-34x+30=2(4x^2-17x+15)$
　　　　　　　　　　　$=2(4x-5)(x-3)$

$$
\begin{array}{ccc}
4 & \diagdown & -5 \cdots -5 \\
1 & \diagup & -3 \cdots -12 \\
\hline
& & -17
\end{array}
$$

(1) $9x^2+15x+6$

(2) $4x^2-18x+8$

(3) $15x^2+50x+15$

(4) $36a^2-48a-9$

(5) $9x^2-3x-6$

(6) $12a^2+10a-12$

2 次の式を因数分解しましょう。

例 $6a^2b+5ab^2-4b^3=b(6a^2+5ab-4b^2)$
$\qquad\qquad\qquad\quad=b(2a-b)(3a+4b)$

$$2 \diagdown \diagup -b \cdots -3b$$
$$3 \diagup \diagdown 4b \cdots \ 8b$$
$$\overline{\qquad\qquad\ 5b}$$

(1) $6a^2-3ab-18b^2$

(2) $16x^2-4xy-6y^2$

(3) $30a^2+5ab-60b^2$

(4) $36x^2y^2+6xy-6$

(5) $6x^3-15x^2-9x$

(6) $-12ax^2-14ax+20a$

(7) $6x^2y-19xy^2-77y^3$

(8) $6a^3-14a^2b+4ab^2$

工夫して因数分解しよう！①

ポイント

式の一部を文字でおきかえたりして、1つのまとまりと見ると、これまで習った因数分解の公式を利用して、因数分解が楽にできることがあるよ。

1 次の式を因数分解しましょう。

1問　10点

例 $10(x+y)^2-13(x+y)-3$

$x+y=A$ とおくと、

与式 $=10A^2-13A-3$

$\quad =(2A-3)(5A+1)$

$\quad =\{2(x+y)-3\}\{5(x+y)+1\}$

$\quad =(2x+2y-3)(5x+5y+1)$

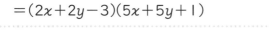

問題で与えられた式のことを与式というよ。

(1) $(x+4)^2+2(x+4)-8$

(2) $(x-y)^2-3(x-y)+2$

(3) $(a+b)^2-4(a+b)-5$

(4) $12(x-y)^2+23(x-y)-24$

(5) $8(a+b)^2-2(a+b)-15$

(6) $(x^2+3x)^2-8(x^2+3x)-20$

2 次の式を因数分解しましょう。　　　　　　　　　　　　　　1問　10点

例　$(x+1)(x+4)(x+2)(x+3)-3$
$=\{(x+1)(x+4)\}\{(x+2)(x+3)\}-3$
$=(x^2+5x+4)(x^2+5x+6)-3$　← x^2+5x を A とおく
$=(A+4)(A+6)-3=(A^2+10A+24)-3=A^2+10A+21$
$=(A+3)(A+7)=\{(x^2+5x)+3\}\{(x^2+5x)+7\}$
$=(x^2+5x+3)(x^2+5x+7)$

(1) $(a^2+a+2)(a^2+a-5)+12$　　　　(2) $(x^2-3x+3)(x^2-3x-5)+7$

(3) $x(x+3)(x+1)(x+2)-24$　　　　(4) $(a+1)(a+3)(a+5)(a+7)+15$

工夫して因数分解しよう！②

単項式 ↩ 4 ページ

💡 **ポイント**

いくつかの文字を含む式の因数分解を行うとき、1つの文字、一般には最も次数の低い文字について整理して、式を見やすくしよう。
共通因数がないか、公式が使えないかを考えてみると、因数分解ができる場合があるよ。

単項式で掛けられている文字の個数を、その式の次数というよ。

1 次の式を因数分解しましょう。

1問　10点

例 $2x^2+2x+xy+y$
x、yについて次数はそれぞれ、2、1であるから、次数の低いyについて整理する。
与式＝$xy+y+2x^2+2x=(x+1)y+2x(x+1)=(x+1)(y+2x)$

(1) $xy+y^2-x-y$

(2) $x^2+xy+x+4y-12$

(3) $a^2b-ab-a+1$

(4) $a^2-bc+ac-b^2$

(5) $a^2b-a^2c+b^2c-b^3$

(6) $4a^2+c^2+2ab-bc-4ca$

ポイント

いくつかの文字を含む式の因数分解を行うとき、どの文字についても次数が
同じ場合は、どれか1つの文字について整理するといいよ。

2 次の式を因数分解しましょう。　　　　　　　　　　　　1問　10点

例 $x^2+xy-2y^2+2x+7y-3$

x、y ともに次数は2であるから、例えば、x について整理する。

与式 $=x^2+xy+2x-2y^2+7y-3$

$=x^2+(y+2)x-(2y^2-7y+3)$

$=x^2+(y+2)x-(2y-1)(y-3)$

$=\{x+(2y-1)\}\{x-(y-3)\}$

$=(x+2y-1)(x-y+3)$

$$\begin{array}{ccc} 2 & \diagdown & -1 \cdots -1 \\ 1 & \diagup & -3 \cdots -6 \\ \hline & & -7 \end{array}$$

$$\begin{array}{ccc} 1 & \diagdown & 2y-1 \cdots 2y-1 \\ 1 & \diagup & -(y-3) \cdots -y+3 \\ \hline & & y+2 \end{array}$$

(1) $x^2-2xy+y^2-x+y-2$

(2) $a^2+b^2-2ab+3a-3b+2$

(3) $2x^2-xy-y^2-7x+y+6$

(4) $x^2-5xy+4y^2+x+2y-2$

確認問題 ⑤

1 次の式を因数分解しましょう。

1問 6点

↩ 56 ページ **1** 、58 ページ **1** 、59 ページ **2**

(1) $x^2 - 9x + 18$

(2) $x^2 + 6x - 16$

(3) $x^2 - 4x - 60$

(4) $x^2 - 19x + 60$

(5) $3x^2 + 3x - 36$

(6) $4x^2 - 8xy - 32y^2$

2 次の式を因数分解しましょう。

1問 7点

↩ 60 ページ **1** 、61 ページ **2**

(1) $6x^2 + x - 15$

(2) $4x^2 - 17x + 15$

(3) $6a^2 - 5a - 6$

(4) $2a^2 - 11ab - 6b^2$

3 次の式を因数分解しましょう。　　　　　　　　　　　　　1問　8点

↩62ページ 1

(1) $12x^2+6x-6$　　　　　　　　　(2) $12x^2-16x-16$

4 次の式を因数分解しましょう。　　　　　　　　　　　　　1問　10点

↩64ページ 1 、65ページ 2

(1) $(x+3)^2-2(x+3)-8$　　　　　(2) $(x+1)(x+3)(x-4)(x-2)-24$

〜 〈数学の小話〉 〜〜〜〜〜〜〜〜〜〜〜〜〜〜〜〜〜〜〜〜〜〜〜〜〜〜〜〜

黄金比と白銀比

正五角形の1辺と対角線の長さの比は、$1:\dfrac{1+\sqrt{5}}{2}$ で、ヨーロッパでは、昔からバランスが良く最も美しいといわれる比で、黄金比とよばれています。黄金比は、ギリシアのパルテノン神殿を正面から見たときの縦と横の長さの比、ミロのビーナスのへそから頭のてっぺんまでと、へそからつま先までの長さの比、名刺の縦と横の長さの比などでみられます。

また、$1:\sqrt{2}$ という比は白銀比とよばれ、日本で古来より美しいとされる比で、大和比ともよばれています。白銀比は、コピー用紙の縦と横の長さの比、東京スカイツリーの地上から第二展望台までの高さと全体の高さの比などでみられます。一説によれば、日本人の顔の縦横比は、白銀比に近い人の割合が多いともいわれています。黄金比と白銀比は、どちらが美しいか、などの議論も白熱しているようです。

$(a+b)(a^2-ab+b^2)$、$(a-b)(a^2+ab+b^2)$ を使って因数分解しよう！①

ポイント ──────────────────────────── 　**展開の公式** ⤴ **33** ページ

展開の公式 $(a+b)(a^2-ab+b^2)=a^3+b^3$、$(a-b)(a^2+ab+b^2)=a^3-b^3$ より、3乗の和、差は、次のように因数分解できるよ。
$$a^3+b^3=(a+b)(a^2-ab+b^2)$$
$$a^3-b^3=(a-b)(a^2+ab+b^2)$$

1 次の式を因数分解しましょう。　　　　　　　　　　　　　1問　6点

例
$$a^3-216=a^3-6^3$$
$$=(a-6)(a^2+a\cdot6+6^2)$$
$$=(a-6)(a^2+6a+36)$$

(1) a^3+1

(2) x^3-8

(3) a^3+64

(4) $1-x^3$

(5) $8a^3+27$

(6) $27x^3-64$

2 次の式を因数分解しましょう。　　　　　　　1問　8点

例　$a^3 + 216b^3 = a^3 + (6b)^3$
$= (a+6b)\{a^2 - a \cdot (6b) + (6b)^2\}$
$= (a+6b)(a^2 - 6ab + 36b^2)$

(1) $a^3 - 27b^3$

(2) $x^3 + y^3$

(3) $a^3 + 64b^3$

(4) $x^3 - 125y^3$

(5) $125a^3 - 8b^3$

(6) $64x^3 + 27y^3$

(7) $x^3y^3 - 1$

(8) $a^3b^3 + c^3$

35 日目

$(a+b)(a^2-ab+b^2)$、$(a-b)(a^2+ab+b^2)$ を使って因数分解しよう！②

💡 **ポイント**

共通因数でくくると、3乗の和、差が現れることがあるよ。

$ma^3+mb^3=m(a^3+b^3)=m(a+b)(a^2-ab+b^2)$

$ma^3-mb^3=m(a^3-b^3)=m(a-b)(a^2+ab+b^2)$

1 次の式を因数分解しましょう。　　　　　　　　　　1問　10点

例 $40a^3+135b^3=5(8a^3+27b^3)$

$\qquad\qquad\quad =5\{(2a)^3+(3b)^3\}$

$\qquad\qquad\quad =5(2a+3b)\{(2a)^2-(2a)\cdot(3b)+(3b)^2\}$

$\qquad\qquad\quad =5(2a+3b)(4a^2-6ab+9b^2)$

(1) $2a^3+54b^3$

(2) $3x^3-24y^3$

(3) $4a^3-4b^3$

(4) $128x^3+2y^3$

(5) $24a^3+81b^3$

(6) $250x^3-16y^3$

2 次の式を因数分解しましょう。　　　　　　　　1問　8点

例 $81x^3y^3z^6-3z^3=3z^3(27x^3y^3z^3-1)$
$\qquad\qquad\qquad =3z^3\{(3xyz)^3-1^3\}$
$\qquad\qquad\qquad =3z^3(3xyz-1)\{(3xyz)^2+(3xyz)\cdot1+1^2\}$
$\qquad\qquad\qquad =3z^3(3xyz-1)(9x^2y^2z^2+3xyz+1)$

(1) $\dfrac{1}{16}x^3-\dfrac{1}{2}y^3$

(2) $125a^4-8ab^3$

(3) $343ab-a^4b^4$

(4) $a^5b^2-a^2b^5$

(5) $16x^3y^3z^6+2z^3$

エ夫して因数分解しよう！③

💡 **ポイント**

32日目にも示したけど、複雑な式の因数分解は次の手順をくり返し、公式が利用できる形に変形するといいよ。
① 共通な因数でくくる。
② 1つの文字（一般に最も次数の低い文字）について整理する。
③ 共通な式を1つのまとまりと見ておきかえる。
今回は、主に③を利用する因数分解を扱うよ。下の**例**にならって因数分解しよう。

1 次の式を因数分解しましょう。　　　　　　　　　　　1問　10点

例 $x^4 - 2x^2 - 8$
$x^2 = A$ とおくと、
　与式 $= A^2 - 2A - 8 = (A-4)(A+2)$
　　　 $= (x^2-4)(x^2+2) = (x+2)(x-2)(x^2+2)$

(1) $x^4 - 11x^2 + 18$

(2) $18a^4 + a^2 - 4$

(3) $2a^4 - 30a^2 - 32$

(4) $4x^4 - 17x^2 + 4$

(5) $2x^4 - 46x^2 - 100$

(6) $3x^5 + 3x^3 - 60x$

2 次の式を因数分解しましょう。

1問　8点

例 $x^6 - y^6 = (x^3)^2 - (y^3)^2$
$= (x^3 + y^3)(x^3 - y^3)$
$= (x+y)(x^2 - xy + y^2)(x-y)(x^2 + xy + y^2)$

(1) $x^6 - 1$

(2) $64a^6 - b^6$

(3) $a^6 - b^6 c^6$

(4) $x^6 + 6x^3 - 16$

(5) $x^6 - 26x^3 - 27$

工夫して因数分解しよう！④

ポイント

今回も、36日目で示した因数分解の手順の③「共通な式を１つのまとまりと見ておきかえる」を利用する因数分解を扱うよ。次のように、どの因数分解の公式が使えるかを考えよう。

$(2x-y)^3-27(x-2y)^3$

$=(2x-y)^3-\{3(x-2y)\}^3$ ← $2x-y=X$、$3(x-2y)=Y$ とおくと、

$=\{2x-y-3(x-2y)\}$　　　　　$X^3-Y^3=(X-Y)(X^2+XY+Y^2)$ が利用できる

　　　　$\times\{(2x-y)^2+(2x-y)\cdot3(x-2y)+9(x-2y)^2\}$

$=(2x-y-3x+6y)$

　　　　$\times\{4x^2-4xy+y^2+3(2x^2-5xy+2y^2)+9(x^2-4xy+4y^2)\}$

$=(-x+5y)(19x^2-55xy+43y^2)$

---

1 次の式を因数分解しましょう。　　　　　　　　　　1問　10点

(1) $(a-b)^3+b^3$

(2) $(3x-y)^3+8y^3$

(3) $(a+b)^3-(a-b)^3$

(4) $(2x+y)^3+8(x+2y)^3$

ポイント

36日目で学んだ ax^4+bx^2+c のような、4次の項、2次の項、定数項だけの式(これを複2次式というよ)は、次のように、2乗の差の形をつくり、因数分解できることがあるよ。

$$x^4+x^2+1=(x^4+2x^2+1)-x^2$$
$$=(x^2+1)^2-x^2$$
$$=(x^2+1+x)(x^2+1-x)=(x^2+x+1)(x^2-x+1)$$

2 次の式を因数分解しましょう。　　　　　　　　　　　1問　10点

(1) x^4+3x^2+4　　　　　　　　　　　(2) a^4+4

(3) x^4+2x^2+9　　　　　　　　　　　(4) a^4-7a^2+1

(5) $a^4+a^2b^2+b^4$　　　　　　　　　　(6) x^4+64

38日目 確認問題⑥

1 次の式を因数分解しましょう。

1問　7点
↩70 ページ　**1**、72 ページ　**1**

(1) $a^3 - 64$

(2) $x^3 + 1$

(3) $a^3 b^3 + 343$

(4) $8x^3 - 216y^3$

(5) $2a^3 + 128$

(6) $3x^3 - 81y^3$

2 次の式を因数分解しましょう。

1問　9点
↩75 ページ　**2**、77 ページ　**2**

(1) $a^6 - 64$

(2) $4x^4 + 1$

3 次の式を因数分解しましょう。

1問　10点
↩76 ページ **1**

(1) $(x^2+x)^3-8$

(2) $(x+y)^3-y^3$

(3) $(2a+b)^3-(a+2b)^3$

(4) $27(x+y)^4-(x+y)$

〜〈数学の小話〉

マンホールのふたの形はなぜ円形なの？

道を歩いているときによく見かけるマンホール。形を見ると、円形をしたものが多いです。なぜ、丸いのでしょうか。四角いマンホールがあってもよい気がします。これにはちゃんとした理由があります。

もし、四角いマンホールだと、仮にずれたとき、マンホールが穴の中に落ちてしまいます。なぜなら、四角いマンホールの場合、1辺より対角線の方が長いので、一番幅のある対角線のところから、下に落ちてしま

うのです。マンホールは、ずれても絶対に下に落ちないことが求められます。円形なら、どこも幅が一定なので、 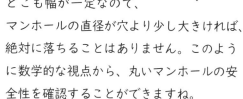 マンホールの直径が穴より少し大きければ、絶対に落ちることはありません。このように数学的な視点から、丸いマンホールの安全性を確認することができますね。

式の展開と因数分解の まとめ①

1 次の式を展開しましょう。

1問 5点

(1) $(x+7)^2$

(2) $(2a-3)^2$

(3) $(5x+4)(5x-4)$

(4) $(3x+8y)(3x-8y)$

(5) $\left(a-\dfrac{1}{2}b\right)^2$

(6) $(-6x+5y)^2$

(7) $(a-5)(a-3)$

(8) $(2x+1)(x+3)$

(9) $(a-4b)(4a+b)$

(10) $(3x+2y)(4x-3y)$

2 次の式を因数分解しましょう。　　　　　　　　　　　　1問　5点

(1) $x^2 - 12x + 36$

(2) $16p^2 - 8p + 1$

(3) $3a^2 + 6ab + 3b^2$

(4) $16x - xy^2$

(5) $3a^2 - 75b^2$

(6) $x^2 + 2x - 15$

(7) $x^2 - xy - 20y^2$

(8) $2x^2 - 20x - 48$

(9) $6a^2 + 7ab - 10b^2$

(10) $4x^2y^2 + xy - 3$

式の展開と因数分解のまとめ②

1 次の式を展開しましょう。

(1) $-3a(2x-5y)$

(2) $(x-3)(y-6)$

(3) $(a-b+c)^2$

(4) $(a+b+c)(a+b-c)$

(5) $(x^2+2x-3)(x^2+2x+1)$

(6) $(x+5y)^3$

(7) $(a+3)(a^2-3a+9)$

(8) $(a-2)(a^2+2a+4)$

(9) $(2x+1)^2(2x-1)^2$

(10) $(x+1)(x+2)(x-3)(x-6)$

2 次の式を因数分解しましょう。

1問　5点

(1) $5x^2 - 55x + 50$

(2) $2x^3 - 5x^2 - 3x$

(3) $(x+y)^2 - (x+y) - 6$

(4) $4a^2(3x+1) - (3x+1)$

(5) $2a^3b - 16b$

(6) $(x-1)(x-3)(x-5)(x-7) + 15$

(7) $x^2 + xy - 6y^2 + x + 13y - 6$

(8) $2a^2 - 3ab - 2b^2 + a + 3b - 1$

(9) $x^4 - 5x^2 + 4$

(10) $x^4 + 6x^2 + 25$

41日目〜60日目

平方根と複素数

平方根、複素数ってそもそも何？

　2乗する（2回掛ける）と9になる数は何でしょうか。$3^2=9$、$(-3)^2=9$なので、2乗すると9になる数は、3と−3です。このように、2乗すると9になる3と−3を、9の平方根といいます。では、2乗すると5になる数、つまり、5の平方根は何でしょうか。5は4と9の間にあるので、2乗すると5になる数の1つは、2.23606…のように無限に続き、これまで学んだ数では表せません。そこで、$\sqrt{}$（ルート）を使って、5の平方根は$\sqrt{5}$、$-\sqrt{5}$のように書きます。平方根の考え方を用いれば、これまで表せなかった数を、$\sqrt{}$を使って表すことができ、とても便利です。

　では、2乗すると−1になる数、つまり、−1の平方根は何でしょうか。正の数も負の数も2乗すると正

の数になるので、2乗すると−1になる数は存在しません。つまり、負の数の平方根はないのです。

　そこで、数の扱う範囲を広げるために、2乗して−1になる新しい数を考えます。これをi（アイ）で表します。すなわち、$i^2=-1$です。iを虚数単位といい、iを用いると、負の数の平方根を考えることができます。例えば、−2の平方根は$\sqrt{2}\,i$と$-\sqrt{2}\,i$です。また、$a+bi$のようなiを含む数を、複素数といいます。このように、数の扱える範囲が、平方根から複素数へと広がっていくのです。

　この本では、他の類書と異なり、平方根のすぐ後に、複素数が登場します。平方根から複素数への理解がより進むように、問題の配列も工夫してあります。

41日目 平方根を求めよう！

💡 **ポイント**

平方根：$a \geqq 0$ について、2乗（平方）すると a になる数を a の平方根というよ。

$\sqrt{a}$：① $a > 0$ のとき、a の平方根は、正と負の2つあるよ。

正の方を $\sqrt{a}$ という記号で表すよ。$\sqrt{}$ を根号といい、ルートと読むんだ。2つの平方根は、符号が異なるので、負の方は $-\sqrt{a}$ で表すよ。

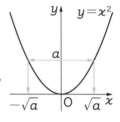

② 0の平方根は0だけであるから、$\sqrt{0} = 0$ とするよ。

一般に、$(\sqrt{a})^2 = a$、$(-\sqrt{a})^2 = a$、$\sqrt{a^2} = a$ が成り立つんだ。

$a > 0$、$b > 0$ のとき、a と b の大小と $\sqrt{a}$ と $\sqrt{b}$ の大小は一致するよ。

$a > b \Longleftrightarrow \sqrt{a} > \sqrt{b}$　　$\sqrt{a}$ と $\sqrt{b}$ を比べるときは、それぞれを2乗した数を比べるか、それぞれの根号の中の数を比べればいいよ。

---

1 次の数の平方根を求めましょう。　　　　　　　　　1問　5点

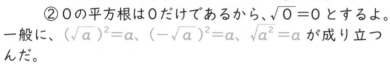

例 $\dfrac{25}{9}$ の平方根は、$\left(\dfrac{5}{3}\right)^2 = \dfrac{25}{9}$、$\left(-\dfrac{5}{3}\right)^2 = \dfrac{25}{9}$ であるから、$\pm\dfrac{5}{3}$

(1) 225　　　　　(2) 0.81　　　　　(3) $\dfrac{49}{16}$　　　　　(4) 1000000

---

2 次の数の平方根を、根号を用いて表しましょう。　　　1問　5点

(1) 5　　　　　(2) 123　　　　　(3) 0.4　　　　　(4) $\dfrac{14}{5}$

---

3 次の数を、根号を用いないで表しましょう。　　　　1問　5点

例 $-\sqrt{49} = -\sqrt{7^2} = -7$　　　$\sqrt{(-3)^2} = \sqrt{9} = 3$

(1) $\sqrt{144}$　　　　(2) $-\sqrt{196}$　　　　(3) $\sqrt{0.0001}$　　　　(4) $\sqrt{\dfrac{(-6)^2}{9}}$

4 次の各組の数の大小を、不等号を用いて表しましょう。　　　　　1問　5点

例　　$\sqrt{26}$ と 5 の大小
　　　$(\sqrt{26})^2=26$、$5^2=25$、$(\sqrt{26})^2>5^2$ であるから、$\sqrt{26}>5$
　　　（別解）$5=\sqrt{25}$、$26>25$ であるから、$\sqrt{26}>\sqrt{25}$　　　よって、$\sqrt{26}>5$

(1) $\sqrt{15}$、4

(2) $\sqrt{10}$、3.2

(3) $\sqrt{31}$、5.5

(4) $\sqrt{0.05}$、$\dfrac{1}{5}$

5 次の不等式をみたす整数 x のうち、最小の値を求めましょう。　　　　　1問　5点

例　　$-3.5<-\sqrt{x}<-2.9$
　　　$2.9<\sqrt{x}<3.5$ であるから、$2.9^2<x<3.5^2$
　　　$2.9^2=8.41$、$3.5^2=12.25$　　　よって、求める最小の値は 9

(1) $5.7<\sqrt{x}<6.2$

(2) $-5<-\sqrt{x}<-4.4$

6 $3.6<\sqrt{x}<4.5$ をみたす整数 x をすべて求めましょう。　　　　　10点

42 日目　実数って何？

💡 **ポイント**

自然数：1以上の整数（正の整数）。

有理数：整数 m と 0 でない整数 n を用いて $\dfrac{m}{n}$ と表せる数。

有限小数：0.5や1.34のように、小数第何位かで終わる小数。

無限小数：小数点以下の数字が無限に続く小数。

循環小数：無限小数のうち、ある位より先では、同じ並びの数字（循環節というよ）がくり返される小数。

循環小数は、循環節の始まりと終わりの数字に・をつけて表すよ。

$$\frac{3}{22}=0.13636\cdots=0.1\dot{3}\dot{6},\quad \frac{1}{54}=0.0185185\cdots=0.0\dot{1}8\dot{5}$$

整数でない有理数を小数で表すと、有限小数か循環小数のいずれかになるよ。
また、有限小数と循環小数は、分数で表せるんだ。

無理数：小数点以下の数字が循環しない無限小数。

無理数は、分数 $\dfrac{m}{n}$ の形では表せない数だよ。$\sqrt{2}$、$\sqrt{3}$、π などが無理数だよ。

実数：有理数と無理数を合わせた数。

$$
実数
\begin{cases}
有理数
\begin{cases}
整\ \ 数
\begin{cases}
1、2、3、\cdots（自然数）\\
0\\
-1、-2、-3、\cdots（負の整数）
\end{cases}\\
有限小数\\
循環小数\\
\end{cases}\\
無理数\quad 循環しない無限小数
\end{cases}
$$

無限小数

---

1 次の分数を小数で表しましょう。電卓を使って計算してもよいです。　**1問　8点**

(1) $\dfrac{9}{80}$　　　　　　　　(2) $\dfrac{41}{333}$　　　　　　　　(3) $\dfrac{2}{7}$

2 次の数を、整数、有限小数、循環小数、無理数に分類しましょう。電卓を使って計算してもよいです。　　　　　　　　　　　　　　　　1問　9点

$\dfrac{1}{2}$、$\sqrt{16}$、2.3、π、$\sqrt{12}$、$\sqrt{\dfrac{16}{49}}$、$-\dfrac{91}{13}$、$\sqrt{45}$、$\dfrac{231}{6}$、$-\sqrt{10}$、0、$-\dfrac{14}{35}$、$\dfrac{5}{13}$

(1) 整数

(2) 有限小数

(3) 循環小数

(4) 無理数

3 次の循環小数を分数で表しましょう。　　　　　　　　　　　　　　1問　10点

例　$4.\dot{2}\dot{7}$
$x=4.\dot{2}\dot{7}$ とおく。
　　$100x=427.272727\cdots$
　$-)\quad x=\quad 4.272727\cdots$
　　$99x=423$
よって、$x=\dfrac{423}{99}=\dfrac{47}{11}$

　$1.6\dot{5}\dot{8}$
$x=0.6\dot{5}\dot{8}$ とおく。
　　$1000x=658.585858\cdots$
　$-)\quad 10x=\quad 6.585858\cdots$
　　$990x=652$
よって、$x=\dfrac{652}{990}=\dfrac{326}{495}$

したがって、$1.6\dot{5}\dot{8}=1+\dfrac{326}{495}=\dfrac{821}{495}$

(1) $0.\dot{7}$

(2) $0.\dot{2}\dot{1}$

(3) $0.6\dot{4}\dot{8}$

(4) $1.1\dot{2}\dot{3}$

絶対値って何？

絶対値：数直線上で、数が表す点と原点との距離を、その数の絶対値というよ。

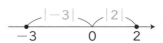

aの絶対値を$|a|$で表すんだ。

数直線上では、2点間の距離は、（右の点を表す数）－（左の点を表す数）で求められるから、

点aが原点より右にあるとき、すなわち$a>0$のとき $|a|=a-0=a$

点aが原点より左にあるとき、すなわち$a<0$のとき $|a|=0-a=-a$

|正の数|＝正の数（そのまま）
|負の数|＝－（負の数）

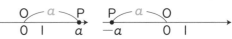

座標：数直線上で、点Aに実数aが対応しているとき、aを点Aの座標といい、座標がaである点Aを$A(a)$と表すよ。

また、数直線上の2点が$A(a)$、$B(b)$のとき、2点A、B間の距離ABは、

$a \leqq b$ のとき、$AB=b-a$

$a>b$ のとき、$AB=a-b=-(b-a)$

なので、絶対値の記号を用いて、$AB=|b-a|$ と表せるんだ。

$a<b$のとき

A $\overset{b-a}{\frown}$ B
a b

$a>b$のとき

B $\overset{a-b}{\frown}$ A
b a

---

1 次の問題に答えましょう。

1問 **8点**

(1) 絶対値が4である数を2つ答えましょう。

と

(2) 絶対値が4以下である整数、自然数をそれぞれすべて答えましょう。

整数　　　　　　　　　　　　　　　自然数

(3) 絶対値が4より小さい整数、自然数をそれぞれすべて答えましょう。

整数　　　　　　　　　　　　　　　自然数

2 次の値を求めましょう。　　　　　　　　　　　　　　　　　1問　8点

(1) $|9|$

(2) $\left|-\dfrac{4}{3}\right|$

(3) $|3-\pi|$

(4) $|\sqrt{5}-3|$

3 次の2点間の距離を求めましょう。　　　　　　　　　　　　　1問　8点

(1) A(3)、B(10)

(2) A(−3)、B(−5)

(3) A(1)、B(−4)

4 x が次の値のとき、P＝$|3x-2|+|3-x|$ の値を求めましょう。　1問　5点

(1) −1

(2) 0

(3) 1

(4) 4

複素数って何？

💡 **ポイント**

虚数単位：2乗すると－1となる数を考えて、これを文字 i で表し、虚数単位というんだ。すなわち $i^2=-1$ だよ。

複素数：虚数単位 i と実数 a、b を用いて、$a+bi$ の形に表される数を複素数というよ。

実部、虚部：複素数 $a+bi$ について、a、b をそれぞれ、この複素数の実部、虚部というよ。

虚数：複素数 $a+bi$ について、
$b \neq 0$ のとき虚数というよ。また、$b=0$ のときは実数だよ。

a、b、c、d が実数のとき、
$a+bi=c+di \Longleftrightarrow a=c$、$b=d$

複素数 $a+bi$	
$b=0$ 実数	$b \neq 0$ 虚数

実部と虚部がそれぞれ等しいとき、2つの複素数は等しいといえるんだ。
複素数の計算は、実数の場合の計算と同じように行い、i^2 が現れたとき、それを－1におきかえればいいよ。
複素数 α、β について、$\alpha\beta=0 \Longleftrightarrow \alpha=0$ または $\beta=0$ が成り立つよ。

---

1 2乗すると－1になる複素数を2つ求めましょう。　　　　8点

_____ と _____

2 次の複素数の実部と虚部を求めましょう。　　　　1問　8点

(1) $-5+3i$

(2) $\dfrac{3i-2}{6}$

実部 _____　虚部 _____　　　　実部 _____　虚部 _____

(3) i^2+4i+3

(4) $-7i$

実部 _____　虚部 _____　　　　実部 _____　虚部 _____

3 次の等式が成り立つような実数x、yの値を求めましょう。　　　　1問　10点

例 $(2+i)x+(1-2i)y=-i$
左辺を $a+bi$ の形に変形すると、
$(2x+y)+(x-2y)i=-i$
$2x+y$、$x-2y$ は実数であるから、
$2x+y=0$ …①　$x-2y=-1$ …②
①、②より、$x=-\dfrac{1}{5}$、$y=\dfrac{2}{5}$

(1) $x-2i=4+yi$

(2) $6x+y+2xi=i$

$x=$　　　　、$y=$　　　　　　　　$x=$　　　　、$y=$

(3) $x+(x+2y)i+4=0$

(4) $3x+(x+2y)i=6-2i$

$x=$　　　　、$y=$　　　　　　　　$x=$　　　　、$y=$

(5) $(2x-y)+(3x+5)i=5+i$

(6) $(3x+y)i+x+2y=(1+3i)i$

$x=$　　　　、$y=$　　　　　　　　$x=$　　　　、$y=$

複素数の足し算、引き算、掛け算をしよう！

💡 **ポイント** ────────────────────── 展開の公式 ⤵ 22ページ

44日目で学んだように、複素数の計算は、実数の場合の計算と同じように行い、i^2 が現れたとき、それを -1 におきかえればいいんだったね。具体的には、複素数の足し算、引き算、掛け算は、次のように計算するよ。
a、b、c、d が実数のとき、
足し算：$(a+bi)+(c+di)=(a+c)+(b+d)i$
引き算：$(a+bi)-(c+di)=(a-c)+(b-d)i$
掛け算：$(a+bi)(c+di)=ac+(ad+bc)i+bdi^2=(ac-bd)+(ad+bc)i$
これらの結果は覚えてなくてもよくて、実数のときと同じように計算して、$i^2=-1$ とすることに注意すればいいよ。

1 次の計算をしましょう。　　　　　　　　　　　　　1問　7点

(1) $(3+5i)+(-2+3i)$

(2) $(5+4i)-(5-4i)$

(3) $4(3+2i)+2(i-2)$

(4) $3(1-2i)-2(2-5i)$

2 次の計算をしましょう。　　　　　　　　　　　　　1問　9点

展開の公式 ⤵ 28ページ

例 $(2+i)^3=2^3+3\cdot2^2\cdot i+3\cdot2\cdot i^2+i^3$
　　　　$=8+12i+6i^2+i^2\cdot i$
　　　　$=8+12i+6\cdot(-1)+(-1)\cdot i$ ← $i^2=-1$ におきかえる
　　　　$=2+11i$

(1) $(1+2i)(3-i)$

(2) $(1-2i)^2$

⑶ $(3i-2)(4+5i)$

⑷ $(-3i)^5$

⑸ $(1+i)^3$

⑹ $(i-3)(i-1)(i+1)(i+3)$

3 $(x+yi)^2=-24i$ となる実数x、yの値を求め、$x+yi$ の形で表しましょう。　**18点**

> **例**　$(x+yi)^2=2i$　（x、yは実数）
> 左辺を展開すると、$x^2+2xyi+y^2i^2=2i$
> これを整理すると、$x^2-y^2+2xyi=2i$
> x^2-y^2、$2xy$ は実数であるから、$x^2-y^2=0$ …①、$2xy=2$、$xy=1$ …②
> ①より、$(x+y)(x-y)=0$　　$x=-y$ または $x=y$
> $x=-y$ のとき、②より、$-y^2=1$
> この式は成り立たないので適さない。
> $x=y$ のとき、②より、$y^2=1$
> よって、$y=1$、-1
> $y=1$ のとき $x=1$　　$y=-1$ のとき $x=-1$
> したがって、$1+i$、$-1-i$

複素数の割り算をしよう！

共役な複素数：a、bが実数のとき、複素数 $\alpha=a+bi$ に対して、$a-bi$ を共役な複素数といい、$\bar{\alpha}$ と表すよ。

$\alpha=a+bi(\alpha\neq0)$ のとき、

$$\alpha\bar{\alpha}=(a+bi)(a-bi)=a^2-(bi)^2=a^2+b^2>0$$

となるから、$\alpha\bar{\alpha}$ は正の実数になるんだ。

$$(a+bi)(a-bi)=a^2-(bi)^2=a^2+b^2>0$$

複素数の割り算 $\dfrac{a+bi}{c+di}$ は、分母と共役な複素数 $c-di$ を、分母と分子に掛けると、分母が実数 (c^2+d^2) になるから、次のように計算できるよ。

複素数の割り算：$\dfrac{a+bi}{c+di}=\dfrac{(a+bi)(c-di)}{(c+di)(c-di)}=\dfrac{ac+bd+(bc-ad)i}{c^2+d^2}=\dfrac{ac+bd}{c^2+d^2}+\dfrac{bc-ad}{c^2+d^2}i$

この結果は覚えてなくてもよくて、複素数の割り算は、分母、分子に、分母と共役な複素数を掛けるということを覚えておこう。

---

1 次の複素数と共役な複素数を求めましょう。

1問 6点

(1) $4+3i$

(2) $-2-5i$

(3) $-2i$

(4) 5

(5) $\dfrac{3i+5}{2}$

(6) $(1+i)^2$

2 次の計算をしましょう。　　　　　　　　　　　　　　　**1問　8点**

例 $\dfrac{2-3i}{1+5i}=\dfrac{(2-3i)(1-5i)}{(1+5i)(1-5i)}=\dfrac{2-13i+15i^2}{1-25i^2}=\dfrac{-13-13i}{26}=\dfrac{-1-i}{2}$

(1) $\dfrac{i}{1-i}$

(2) $\dfrac{5}{3+4i}$

(3) $\dfrac{11-16i}{7+3i}$

(4) $\dfrac{-3+2i}{2+3i}$

(5) $\dfrac{1-i}{1+i}$

(6) $\dfrac{7-i}{1-3i}$

(7) $\dfrac{(1-2i)^2}{1+i}$

(8) $\left(\dfrac{2+i}{2-i}\right)^2$

1 次の数を、根号を用いないで表しましょう。ただし、(3)は $a>0$ とします。　**1問　4点**

↩86ページ 3

(1) $\sqrt{0.36}$　　　　　(2) $-\sqrt{(-5)^2}$　　　　(3) $\sqrt{(4a)^2}$　　　　(4) $-\sqrt{4.41}$

2 次の各組の数の大小を、不等号を用いて表しましょう。　**1問　4点**

↩87ページ 4

(1) $\dfrac{5}{2}$、$\sqrt{5}$　　　　　　　　　　(2) $-\sqrt{150}$、-12

3 次の数を、整数、有限小数、循環小数、無理数に分類しましょう。　**1問　5点**
電卓を使って計算してもよいです。

↩89ページ 2

$$\dfrac{4}{33}、\ -\sqrt{8}、\ \sqrt{441}、\ \sqrt{\dfrac{\pi}{3.1415}}、\ \sqrt{\dfrac{4}{25}}、\ \sqrt{\pi^2}、\ -\dfrac{3}{24}$$

(1) 整数

(2) 有限小数

(3) 循環小数

(4) 無理数

4 次の循環小数を分数で表しましょう。　**1問　6点**

↩89ページ 3

(1) $0.\dot{5}\dot{6}$　　　　　　　　　　(2) $1.3\dot{5}\dot{7}$

5 x が次の値のとき、$\mathrm{P}=|x+2|-2|x-2|$ の値を求めましょう。　**1問　6点**

↩91ページ 4

(1) -1　　　　　　　　　　(2) $\dfrac{1}{2}$

6 次の等式が成り立つような実数x、yの値を求めましょう。 1問　8点

↩93ページ 3 、94ページ 2

(1) $x+yi+6-3i=3ix+y+5i$　　　　(2) $(1+i)(x+yi)=4-3i$

$x=$　　　　、$y=$　　　　　　　　$x=$　　　　、$y=$

7 次の計算をしましょう。 1問　8点

↩97ページ 2

(1) $\dfrac{3i}{1+i}$　　　　　　　　(2) $\dfrac{2+3i}{3-4i}$

〜〈数学の小話〉 〜〜〜〜〜〜

ノーベル賞に数学賞はないの？

毎年10月になると、ノーベル賞の受賞者が発表されます。今年も日本人の受賞者がいるのかなど、話題になることがあります。このノーベル賞には、いろんな分野の賞があります。具体的には、物理学、化学、生理学・医学、文学、平和および経済学の各賞がありますが、なぜか数学賞なるものはありません。一説によると、ノーベル賞の設立に関わった１人が数学が嫌いだからとか…。その後、カナダの数学者のフィール

ズが、数学でも賞を授けようとのことで、1936年に設立されたのがフィールズ賞で、中には、「数学界のノーベル賞」だという人もいます。このフィールズ賞は、４年ごとに開催される国際数学者会議で授与されます。受賞には制限があり、１回につき、最大でも４人しか選ばれず、しかも、受賞資格は40歳以下の人です。これまでに、３人の日本の数学者が受賞しています。

根号を含む式を変形しよう!

根号 ↪86ページ

ポイント

$a>0$、$b>0$ のとき、$\sqrt{a} \times \sqrt{b} = \sqrt{ab}$、$\dfrac{\sqrt{a}}{\sqrt{b}} = \sqrt{\dfrac{a}{b}}$ が成り立つよ。このことから

$k>0$ のとき、$\sqrt{k^2 a} = \sqrt{k^2} \times \sqrt{a} = k\sqrt{a}$、$\sqrt{\dfrac{a}{k^2}} = \dfrac{\sqrt{a}}{\sqrt{k^2}} = \dfrac{\sqrt{a}}{k}$ と変形できるんだ。

この変形を用いて、根号の中の数を、できるだけ小さい自然数にしよう。

---

1 次の数の根号の中を、できるだけ小さい自然数にしましょう。　　　1問　6点

例 $\sqrt{0.72} = \sqrt{\dfrac{72}{100}} = \sqrt{\dfrac{6^2 \cdot 2}{10^2}} = \dfrac{\sqrt{6^2 \cdot 2}}{\sqrt{10^2}} = \dfrac{6\sqrt{2}}{10} = \dfrac{3\sqrt{2}}{5}$

(1) $\sqrt{40}$

(2) $\sqrt{\dfrac{3}{49}}$

(3) $\sqrt{500}$

(4) $\sqrt{0.03}$

---

2 次の数の根号の中を、できるだけ小さい自然数にしましょう。　　　1問　6点

例 根号の中の数を素因数分解して、
$\sqrt{504} = \sqrt{2^3 \cdot 3^2 \cdot 7}$
$\qquad = 2 \cdot 3\sqrt{2 \cdot 7}$
$\qquad = 6\sqrt{14}$

```
2)504
2)252
2)126
3) 63
3) 21
    7
```

(1) $\sqrt{180}$

(2) $\sqrt{675}$

(3) $\sqrt{392}$　　　　　　　　　　(4) $\sqrt{756}$

3 次の数を $\sqrt{a}$ の形にしましょう。　　　　　　　1問　6点

例 $6\sqrt{7}=\sqrt{6^2 \cdot 7}=\sqrt{252}$

(1) $4\sqrt{3}$　　　　　　　　　　(2) $8\sqrt{3}$

(3) $\dfrac{\sqrt{20}}{2}$　　　　　　　　　　(4) $\dfrac{\sqrt{10}}{5}$

4 次の値が整数となるような最小の正の整数 x を求めましょう。　　　1問　7点

例 $\sqrt{\dfrac{1260}{x}}=\sqrt{\dfrac{2^2 \cdot 3^2 \cdot 5 \cdot 7}{x}}$ より、与式の値が整数となるのは、$x=5 \cdot 7$、$5 \cdot 7 \cdot 2^2$、

$5 \cdot 7 \cdot 3^2$、$5 \cdot 7 \cdot 2^2 \cdot 3^2$ のときで、最小となる正の整数 x は、$x=5 \cdot 7=35$

(1) $\sqrt{48x}$　　　　　　　　　　(2) $\sqrt{\dfrac{20x}{3}}$

　　　　　$x=$　　　　　　　　　　　　　$x=$

(3) $\sqrt{\dfrac{6615}{x}}$　　　　　　　　　(4) $\sqrt{105-5x}$

　　　　　$x=$　　　　　　　　　　　　　$x=$

根号を含む式の掛け算と割り算をしよう!

48日目で学んだように、

$a>0$、$b>0$ のとき、$\sqrt{a} \times \sqrt{b} = \sqrt{ab}$、$\sqrt{a} \div \sqrt{b} = \dfrac{\sqrt{a}}{\sqrt{b}} = \sqrt{\dfrac{a}{b}}$

が成り立つんだったね。また、根号の中の数を、できるだけ小さい自然数に
なるように変形すると、計算しやすくなるよ。

1 次の計算をしましょう。　　　　　　　　　　　　　　　　1問　5点

(1) $\sqrt{5} \times \sqrt{3}$

(2) $\sqrt{3} \times \sqrt{12}$

(3) $\dfrac{\sqrt{10}}{\sqrt{2}}$

(4) $\sqrt{28} \div \sqrt{7}$

2 次の計算をしましょう。　　　　　　　　　　　　　　　　1問　5点

例 $\sqrt{56} \times \sqrt{21} = \sqrt{2^3 \cdot 7} \times \sqrt{3 \cdot 7} = \sqrt{2^3 \cdot 3 \cdot 7^2} = 2 \cdot 7\sqrt{2 \cdot 3} = 14\sqrt{6}$

$6\sqrt{12} \div 4\sqrt{48} = 6\sqrt{2^2 \cdot 3} \div 4\sqrt{4^2 \cdot 3} = 6 \cdot 2\sqrt{3} \div (4 \cdot 4\sqrt{3}) = \dfrac{6 \cdot 2\sqrt{3}}{4 \cdot 4\sqrt{3}} = \dfrac{3}{4}$

(1) $\sqrt{10} \times \sqrt{5}$

(2) $\sqrt{8} \times (-\sqrt{30})$

(3) $2\sqrt{15} \times \sqrt{125}$

(4) $\sqrt{27} \times \sqrt{72}$

(5) $\sqrt{192} \div \sqrt{3}$　　　　　　　　(6) $4\sqrt{24} \div 8\sqrt{3}$

(7) $3\sqrt{6} \div \sqrt{\dfrac{1}{3}}$　　　　　　　(8) $\sqrt{\dfrac{14}{15}} \div \sqrt{\dfrac{7}{30}}$

3 次の計算をしましょう。　　　　　　　1問　5点

例　$2\sqrt{3} \times 5\sqrt{6} \div \sqrt{2} = 2\sqrt{3} \times \dfrac{5\sqrt{6}}{\sqrt{2}} = 2\sqrt{3} \times 5\sqrt{3} = 10 \cdot 3 = 30$

(1) $\sqrt{2} \times \sqrt{3} \times \sqrt{5}$　　　　　(2) $\sqrt{180} \div 2\sqrt{5} \times \sqrt{3}$

(3) $(-2\sqrt{15}) \times \sqrt{5} \div 2\sqrt{3}$　　　(4) $\sqrt{12} \times \sqrt{21} \div \sqrt{28}$

(5) $\sqrt{32} \times \sqrt{9} \div \sqrt{12}$　　　　(6) $\sqrt{8} \times \sqrt{6} \div \sqrt{12} \div \sqrt{3}$

(7) $3\sqrt{24} \div 2\sqrt{2} \times \sqrt{27}$　　　(8) $\sqrt{27} \times \sqrt{45} \div 3\sqrt{3} \div 2\sqrt{5}$

50日目 根号を含む式の足し算と引き算をしよう！

ポイント ―――――――――――――――――― 同類項 ↩ 7ページ

根号の中の数が同じときは、次のようにまとめることができるんだ。

$$x\sqrt{a} + y\sqrt{a} = (x+y)\sqrt{a}$$
$$x\sqrt{a} - y\sqrt{a} = (x-y)\sqrt{a}$$

これは、式の計算で、同類項をまとめることと同じだよ。

根号の中の数が違っていても、$\sqrt{k^2 a} = k\sqrt{a}$ と変形すれば、同じになることがあるよ。また、根号を含む式の積は、$\sqrt{}$ を文字と見て、

分配法則 $a(b+c) = ab + ac$ などを用いて、計算することができるよ。

---

1 次の計算をしましょう。

1問 6点

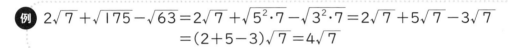

例 $2\sqrt{7} + \sqrt{175} - \sqrt{63} = 2\sqrt{7} + \sqrt{5^2 \cdot 7} - \sqrt{3^2 \cdot 7} = 2\sqrt{7} + 5\sqrt{7} - 3\sqrt{7}$
$= (2+5-3)\sqrt{7} = 4\sqrt{7}$

(1) $3\sqrt{2} + 5\sqrt{2}$

(2) $8\sqrt{3} - 4\sqrt{3}$

(3) $\sqrt{12} + \sqrt{27}$

(4) $\sqrt{98} - \sqrt{50}$

(5) $3\sqrt{18} + 2\sqrt{50}$

(6) $2\sqrt{125} - 5\sqrt{20}$

(7) $6\sqrt{20} + \sqrt{45} - 2\sqrt{5}$

(8) $\sqrt{3} - 3\sqrt{48} + 4\sqrt{75}$

(9) $-\sqrt{32}+4\sqrt{2}+\sqrt{50}$

(10) $\sqrt{96}-2\sqrt{6}-\sqrt{54}$

2 次の計算をしましょう。　　　　　　　　　　　　1問　5点

例　$\sqrt{5}(\sqrt{2}+\sqrt{3})=\sqrt{5}\times\sqrt{2}+\sqrt{5}\times\sqrt{3}=\sqrt{10}+\sqrt{15}$

(1) $\sqrt{2}(\sqrt{6}+3)$

(2) $\sqrt{3}(1-\sqrt{6})$

(3) $\sqrt{5}(2\sqrt{3}-3)$

(4) $\sqrt{6}(\sqrt{3}-\sqrt{2})$

(5) $\sqrt{2}(\sqrt{3}-1+\sqrt{6})$

(6) $-\sqrt{7}(3-\sqrt{14}+\sqrt{21})$

(7) $(5\sqrt{50}-\sqrt{64})\div 2\sqrt{2}$

(8) $(\sqrt{20}+\sqrt{40}-\sqrt{80})\div\sqrt{5}$

展開の公式を使って計算しよう！

展開の公式 14、18、22 ページ

 ポイント

$\sqrt{}$ を文字と見て、次の展開の公式を利用して計算できるよ。

$(a+b)^2=a^2+2ab+b^2$、 $(a-b)^2=a^2-2ab+b^2$

$(a+b)(a-b)=a^2-b^2$、 $(x+a)(x+b)=x^2+(a+b)x+ab$

$(ax+b)(cx+d)=acx^2+(ad+bc)x+bd$

1 次の計算をしましょう。　　　　　　　　　　　　　　1問　5点

例 $(\sqrt{5}+\sqrt{3})^2=(\sqrt{5})^2+2\cdot\sqrt{5}\cdot\sqrt{3}+(\sqrt{3})^2=5+2\sqrt{15}+3=8+2\sqrt{15}$

$(\sqrt{2}+\sqrt{3})(\sqrt{2}-\sqrt{3})=(\sqrt{2})^2-(\sqrt{3})^2=2-3=-1$

(1) $(2+\sqrt{3})^2$　　　　　　　　　　　　　(2) $(5-\sqrt{7})^2$

(3) $(2\sqrt{3}-1)^2$　　　　　　　　　　　　(4) $(\sqrt{7}+2\sqrt{2})^2$

(5) $(\sqrt{6}-\sqrt{2})^2$　　　　　　　　　　(6) $(4+\sqrt{5})(4-\sqrt{5})$

(7) $(\sqrt{7}+2)(\sqrt{7}-2)$　　　　　　　　(8) $(\sqrt{5}+\sqrt{3})(\sqrt{5}-\sqrt{3})$

2 次の計算をしましょう。　　　　　　　　　　　　　1問　6点

例　$(3\sqrt{3}+5)(\sqrt{3}-1)=3(\sqrt{3})^2-3\sqrt{3}+5\sqrt{3}-5=4+2\sqrt{3}$

(1) $(\sqrt{2}+2)(\sqrt{3}+2)$

(2) $(\sqrt{6}+2)(\sqrt{3}-1)$

(3) $(\sqrt{6}+2)(\sqrt{6}-4)$

(4) $(\sqrt{2}-2)(2\sqrt{2}-3)$

(5) $(\sqrt{15}-\sqrt{10})(\sqrt{3}+\sqrt{2})$

(6) $(2+2\sqrt{3})(3\sqrt{2}+\sqrt{3})$

(7) $(\sqrt{3}-3\sqrt{2})(\sqrt{27}-\sqrt{8})$

(8) $(3\sqrt{2}+\sqrt{3})(3\sqrt{2}-4\sqrt{3})$

(9) $(\sqrt{3}+\sqrt{2})^2-(\sqrt{3}-1)(\sqrt{3}+2)$

(10) $(\sqrt{2}+\sqrt{5})^2+(\sqrt{2}+3)(\sqrt{2}-2)$

負の数の平方根の計算を しよう！

複素数 ➜ 92 ページ

ポイント

$a>0$ のとき、$x^2=-a$ について、

$-a=i^2(\sqrt{a})^2=(\sqrt{a}\,i)^2$ であるから、$x^2=(\sqrt{a}\,i)^2$

したがって、$x^2-(\sqrt{a}\,i)^2=0$ より、$\{x-(\sqrt{a}\,i)\}\{x+(\sqrt{a}\,i)\}=0$

よって、$x=\sqrt{a}\,i,\ -\sqrt{a}\,i$ となるので、負の数 $-a$ の平方根は、複素数の範囲で、

$x=\sqrt{a}\,i,\ -\sqrt{a}\,i$ と求められるんだ。まとめると、次のことが成り立つよ。

$a>0$ のとき、$\sqrt{-a}=\sqrt{a}\,i$、特に、$\sqrt{-1}=i$

したがって、負の数 $-a$ について、その平方根は $\pm\sqrt{-a}=\pm\sqrt{a}\,i$

ただし、$\sqrt{a}\times\sqrt{b}=\sqrt{ab}$、$\dfrac{\sqrt{a}}{\sqrt{b}}=\sqrt{\dfrac{a}{b}}$ としてよいのは、$a>0$、$b>0$ のときだけで、

負の数の平方根 $\sqrt{-a}$ を含む計算では、$\sqrt{-a}$ を $\sqrt{a}\,i$ としてから計算するよ。

1 次の数の平方根を、i を用いて表しましょう。　　　　1問　6点

(1) -5

(2) -17

2 次の数を、i を用いて表しましょう。　　　　1問　6点

(1) $\sqrt{-6}$

(2) $\sqrt{-9}$

(3) $\sqrt{-12}$

(4) $\sqrt{-50}$

3 次の計算をしましょう。

例 $\sqrt{-25}+\sqrt{-64}=\sqrt{25}\,i+\sqrt{64}\,i=5i+8i=13i$

$\dfrac{\sqrt{6}}{\sqrt{-3}}=\dfrac{\sqrt{6}}{\sqrt{3}\,i}=\dfrac{\sqrt{2}}{i}=\dfrac{\sqrt{2}\,i}{i^2}=\dfrac{\sqrt{2}\,i}{-1}=-\sqrt{2}\,i$

(1) $\sqrt{-49}-\sqrt{-16}$

(2) $(\sqrt{-4}+\sqrt{3}\,)-(2-\sqrt{-25}\,)$

(3) $\sqrt{-12}\times\sqrt{-8}$

(4) $\sqrt{-72}\times\sqrt{-32}$

(5) $\dfrac{\sqrt{48}}{\sqrt{-16}}$

(6) $\dfrac{\sqrt{-27}}{\sqrt{-3}}$

(7) $(\sqrt{-3}+2)(4-\sqrt{-3}\,)$

(8) $(7-\sqrt{-4}\,)(5-\sqrt{-16}\,)$

53 日目 確認問題⑧

1 次の数の根号の中を、できるだけ小さい自然数にしましょう。

1問　4点

↩100 ページ 1 2

(1) $\sqrt{72}$

(2) $\sqrt{48}$

(3) $\sqrt{980}$

(4) $\sqrt{3675}$

2 次の計算をしましょう。

1問　5点

↩102 ページ 1 2 、103 ページ 3

(1) $3\sqrt{2} \times \sqrt{6}$

(2) $\dfrac{\sqrt{6}}{\sqrt{7}} \div \sqrt{21}$

(3) $7\sqrt{5} \times 8\sqrt{15}$

(4) $4\sqrt{15} \div 2\sqrt{5} \times \sqrt{3}$

3 次の計算をしましょう。

1問　6点

↩104 ページ 1 、105 ページ 2

(1) $3\sqrt{28} - 2\sqrt{7}$

(2) $3\sqrt{2} + \sqrt{72} + 2\sqrt{32}$

(3) $\sqrt{5}(3\sqrt{5} - \sqrt{10})$

(4) $(2\sqrt{18} - \sqrt{8}) \div \sqrt{2}$

4 次の計算をしましょう。

1問　7点
↩106 ページ **1**、107 ページ **2**

(1) $(\sqrt{2}+\sqrt{3})^2$

(2) $(\sqrt{3}-2)^2$

(3) $(2\sqrt{5}+\sqrt{6})(2\sqrt{5}-\sqrt{6})$

(4) $(3\sqrt{7}-1)(3\sqrt{7}+3)$

5 次の計算をしましょう。

1問　6点
↩109 ページ **3**

(1) $\dfrac{\sqrt{-2}}{\sqrt{-9}}$

(2) $(3-\sqrt{-2})(1+\sqrt{-8})$

〈数学の小話〉

野球における数字

野球ほど、数字に満ちあふれている世界は
ないですよね。「打率」、「防御率」、「出塁率」、
「勝率」、…など、野球に興味のない人も、
これらの用語を聞いたことがあるのではな
いでしょうか。
例えば、打率は、ヒット数÷打席で求めら
れます。打率が高いということは、打席に
占めるヒットの割合が高いということで、

「安定性、確実性が高い選手」という評価を
与えることができます。日本のプロ野球で
過去最も打率が高かった選手は、1986年
の阪神タイガース所属のバース選手で、
0.389です。最も打率の高かったバース
選手でさえ、10打席でヒットは4本程度で、
いかに、ヒットを打つのが難しいかわかり
ますね。

有理化って何?

ポイント

分母の有理化：分母に根号を含まない形にすることを、分母を有理化するというんだ。

$\dfrac{b}{\sqrt{a}}$ の場合、分母と分子に $\sqrt{a}$ を掛けると、$\dfrac{b \times \sqrt{a}}{\sqrt{a} \times \sqrt{a}} = \dfrac{b\sqrt{a}}{a}$ のように、分母が有理化できるよ。また、$\dfrac{c}{\sqrt{a}+\sqrt{b}}$ の場合、分母と分子に $\sqrt{a}-\sqrt{b}$ を掛けると、$\dfrac{c \times (\sqrt{a}-\sqrt{b})}{(\sqrt{a}+\sqrt{b}) \times (\sqrt{a}-\sqrt{b})} = \dfrac{c(\sqrt{a}-\sqrt{b})}{a-b}$ のように、分母が有理化できるよ。

$(\sqrt{a}+\sqrt{b})(\sqrt{a}-\sqrt{b}) = (\sqrt{a})^2 - (\sqrt{b})^2$ を利用するんだ。

---

1 次の数の分母を有理化しましょう。

1問 8点

例 $\dfrac{\sqrt{3}}{\sqrt{10}} = \dfrac{\sqrt{3} \times \sqrt{10}}{\sqrt{10} \times \sqrt{10}} = \dfrac{\sqrt{30}}{10}$、 $\dfrac{\sqrt{7}}{\sqrt{14}} = \dfrac{\sqrt{7} \div \sqrt{7}}{\sqrt{14} \div \sqrt{7}} = \dfrac{1}{\sqrt{2}} = \dfrac{1 \times \sqrt{2}}{\sqrt{2} \times \sqrt{2}} = \dfrac{\sqrt{2}}{2}$

(1) $\dfrac{1}{\sqrt{5}}$

(2) $\dfrac{2}{\sqrt{3}}$

(3) $\dfrac{15}{\sqrt{20}}$

(4) $\dfrac{\sqrt{21}}{\sqrt{6}}$

(5) $\dfrac{\sqrt{24}}{\sqrt{32}}$

(6) $\dfrac{\sqrt{12}-6}{\sqrt{3}}$

2 次の数の分母を有理化しましょう。　　　　　　　　　　　　　　1問　8点

例 $\dfrac{\sqrt{3}}{3\sqrt{2}+2\sqrt{3}}=\dfrac{\sqrt{3}\times(3\sqrt{2}-2\sqrt{3})}{(3\sqrt{2}+2\sqrt{3})(3\sqrt{2}-2\sqrt{3})}=\dfrac{3\sqrt{6}-2(\sqrt{3})^2}{(3\sqrt{2})^2-(2\sqrt{3})^2}=\dfrac{3\sqrt{6}-6}{18-12}=\dfrac{3\sqrt{6}-6}{6}=\dfrac{\sqrt{6}-2}{2}$

(1) $\dfrac{2}{\sqrt{7}+\sqrt{5}}$　　　　　　　　　　　　(2) $\dfrac{1}{2-\sqrt{3}}$

(3) $\dfrac{\sqrt{5}-\sqrt{3}}{\sqrt{5}+\sqrt{3}}$　　　　　　　　　　　(4) $\dfrac{3\sqrt{2}+2\sqrt{3}}{3\sqrt{2}-2\sqrt{3}}$

3 $\sqrt{2}=1.414$、$\sqrt{3}=1.732$ のとき、次の値を求めましょう。　　　1問　10点

例 $\dfrac{6}{\sqrt{3}}$ の値

$\dfrac{6}{\sqrt{3}}=\dfrac{6\times\sqrt{3}}{\sqrt{3}\times\sqrt{3}}=\dfrac{6\times\sqrt{3}}{3}=2\times\sqrt{3}=2\times1.732=3.464$

(1) $\dfrac{1}{\sqrt{2}}$　　　　　　　　　　　　(2) $\dfrac{2}{2-\sqrt{3}}$

ポイント

54日目に学んだ分母の有理化を用いて、分母に根号を含む分数の足し算や引き算の計算をするよ。

1 次の計算をしましょう。

1問　10点

例 $\dfrac{2}{\sqrt{3}}+\sqrt{3}=\dfrac{2\times\sqrt{3}}{\sqrt{3}\times\sqrt{3}}+\sqrt{3}=\dfrac{2\sqrt{3}}{3}+\dfrac{3\sqrt{3}}{3}=\dfrac{5\sqrt{3}}{3}$

(1) $\dfrac{1}{\sqrt{2}}+\dfrac{2}{\sqrt{5}}$

(2) $\sqrt{\dfrac{3}{2}}-\dfrac{6}{\sqrt{6}}$

(3) $\dfrac{2}{\sqrt{3}}-\dfrac{\sqrt{3}}{3}$

(4) $\dfrac{1}{2\sqrt{5}}-\dfrac{1}{3\sqrt{3}}$

(5) $\dfrac{2\sqrt{3}+1}{\sqrt{3}}-\dfrac{1}{\sqrt{7}}$

(6) $\dfrac{3}{\sqrt{3}}-7\sqrt{\dfrac{3}{25}}+3\sqrt{27}$

2 次の計算をしましょう。

1問　10点

例

$$\frac{\sqrt{6}}{\sqrt{3}+\sqrt{2}}+\frac{3\sqrt{2}}{\sqrt{6}+\sqrt{3}}$$

$$=\frac{\sqrt{6}(\sqrt{3}-\sqrt{2})}{(\sqrt{3}+\sqrt{2})(\sqrt{3}-\sqrt{2})}+\frac{3\sqrt{2}(\sqrt{6}-\sqrt{3})}{(\sqrt{6}+\sqrt{3})(\sqrt{6}-\sqrt{3})}=\frac{3\sqrt{2}-2\sqrt{3}}{3-2}+\frac{6\sqrt{3}-3\sqrt{6}}{6-3}$$

$$=3\sqrt{2}-2\sqrt{3}+\frac{6\sqrt{3}-3\sqrt{6}}{3}=3\sqrt{2}-2\sqrt{3}+2\sqrt{3}-\sqrt{6}$$

$$=3\sqrt{2}-\sqrt{6}$$

(1) $\dfrac{2}{\sqrt{6}+2}-(\sqrt{6}+2)$

(2) $\dfrac{\sqrt{3}}{1+\sqrt{6}}-\dfrac{\sqrt{2}}{4+\sqrt{6}}$

(3) $\dfrac{\sqrt{3}+\sqrt{2}}{\sqrt{3}-\sqrt{2}}+\dfrac{\sqrt{5}-\sqrt{3}}{\sqrt{5}+\sqrt{3}}$

(4) $\dfrac{\sqrt{7}+1}{\sqrt{7}-\sqrt{3}}+\dfrac{\sqrt{7}-1}{\sqrt{7}+\sqrt{3}}$

56 日目 式の値を求めよう！①

 ポイント

因数分解の公式などを使って、式の値を求めるよ。式の値は、式の変形を工夫することによって、直接代入して求める場合と比べて、楽に求められる場合があるんだ。

1 次の式の値を求めましょう。　　　　　　　　　　　　　1問　8点

例 $x＝2＋\sqrt{2}$ のときの、$x^2＋2x－8$ の値

　Ⅰ直接代入Ⅰ
　　与式＝$(2＋\sqrt{2})^2＋2(2＋\sqrt{2})－8＝(4＋4\sqrt{2}＋2)＋(4＋2\sqrt{2})－8＝6\sqrt{2}＋2$

　Ⅰ因数分解の利用Ⅰ
　　与式＝$(x＋4)(x－2)＝\{(2＋\sqrt{2})＋4\}\{(2＋\sqrt{2})－2\}＝(6＋\sqrt{2})×\sqrt{2}$
　　　　$＝6\sqrt{2}＋2$

(1) $x＝\sqrt{3}－1$ のときの、$x^2－2x－3$ の値

(2) $x＝2\sqrt{6}－5$ のときの、$x^2＋6x＋5$ の値

(3) $x＝\sqrt{5}－2$ のときの、$x^2＋4x＋4$ の値

(4) $a＝\sqrt{3}＋3$ のときの、$a^2－6a＋9$ の値

(5) $a＝\dfrac{1＋\sqrt{5}}{2}$ のときの、$2a^2－3a＋1$ の値

2 次の式の値を求めましょう。　　　　　　　　　　　　　　1問　10点

例 $x=\sqrt{3}+\sqrt{2}$、$y=\sqrt{3}-\sqrt{2}$ のときの、x^2-y^2、x^2+y^2、x^3+y^3 の値

$x^2-y^2=(x+y)(x-y)=\{(\sqrt{3}+\sqrt{2})+(\sqrt{3}-\sqrt{2})\}\{(\sqrt{3}+\sqrt{2})-(\sqrt{3}-\sqrt{2})\}$

$\qquad=2\sqrt{3}\cdot2\sqrt{2}=4\sqrt{6}$

また、$x+y=2\sqrt{3}$、$xy=(\sqrt{3}+\sqrt{2})(\sqrt{3}-\sqrt{2})=3-2=1$

であるから、

$x^2+y^2=(x+y)^2-2xy$　←　$(x+y)^2=x^2+2xy+y^2$ を利用する

$\qquad=(2\sqrt{3})^2-2\cdot1=10$

$x^3+y^3=(x+y)^3-3xy(x+y)$　←　$(x+y)^3=x^3+3x^2y+3xy^2+y^3$ を利用する

$\qquad=(2\sqrt{3})^3-3\cdot1\cdot2\sqrt{3}=24\sqrt{3}-6\sqrt{3}=18\sqrt{3}$

(1) $x=2+\sqrt{3}$、$y=2-\sqrt{3}$ のときの、①x^2-y^2、②x^2-xy の値

①＿＿＿＿＿＿＿＿＿＿＿

②＿＿＿＿＿＿＿＿＿＿＿

(2) $x=\sqrt{6}-\sqrt{2}$、$y=\sqrt{6}+\sqrt{2}$ のときの、①$x^2-2xy+y^2$、②x^2+xy の値

①＿＿＿＿＿＿＿＿＿＿＿

②＿＿＿＿＿＿＿＿＿＿＿

(3) $x=\sqrt{2}+1$、$y=\sqrt{2}-1$ のときの、①x^2+y^2、②x^3+y^3 の値

①＿＿＿＿＿＿＿＿＿＿＿

②＿＿＿＿＿＿＿＿＿＿＿

ポイント

56日目では、$x=\sqrt{a}+\sqrt{b}$、$y=\sqrt{a}-\sqrt{b}$ のときの式の値を求めたけど、$x=\dfrac{1}{\sqrt{a}+\sqrt{b}}$、$y=\dfrac{1}{\sqrt{a}-\sqrt{b}}$ のときも、$x+y$、xy の値が簡単な値であれば、与式を $x+y$、xy の式で表し、代入することで、式の値を楽に求められる場合があるよ。

---

1 $x=\dfrac{2}{\sqrt{5}+\sqrt{3}}$、$y=\dfrac{2}{\sqrt{5}-\sqrt{3}}$ のとき、次の式の値を求めましょう。　**1問　10点**

> **例**
>
> $x=\dfrac{1}{\sqrt{7}+\sqrt{5}}$、$y=\dfrac{1}{\sqrt{7}-\sqrt{5}}$ のときの、x^2+y^2 の値
>
> $x+y=\dfrac{\sqrt{7}-\sqrt{5}}{(\sqrt{7}+\sqrt{5})(\sqrt{7}-\sqrt{5})}+\dfrac{\sqrt{7}+\sqrt{5}}{(\sqrt{7}-\sqrt{5})(\sqrt{7}+\sqrt{5})}$
>
> $=\dfrac{\sqrt{7}-\sqrt{5}+\sqrt{7}+\sqrt{5}}{(\sqrt{7}+\sqrt{5})(\sqrt{7}-\sqrt{5})}=\dfrac{2\sqrt{7}}{7-5}=\sqrt{7}$
>
> $xy=\dfrac{1}{\sqrt{7}+\sqrt{5}}\cdot\dfrac{1}{\sqrt{7}-\sqrt{5}}=\dfrac{1}{(\sqrt{7}+\sqrt{5})(\sqrt{7}-\sqrt{5})}=\dfrac{1}{2}$
>
> であるから、
>
> $x^2+y^2=(x+y)^2-2xy$
>
> $=(\sqrt{7})^2-2\cdot\dfrac{1}{2}=7-1=6$

(1) $x+y$

(2) xy

(3) x^2+y^2

(4) x^3+y^3

2 $x=\dfrac{1}{\sqrt{6}+2}$、$y=\dfrac{1}{\sqrt{6}-2}$ のとき、次の式の値を求めましょう。　　1問　10点

(1) $x+y$

(2) xy

(3) x^2+y^2

(4) x^2y+xy^2

3 $x=\dfrac{\sqrt{3}-\sqrt{2}}{\sqrt{2}}$、$y=\dfrac{\sqrt{3}+\sqrt{2}}{\sqrt{3}}$ のとき、次の式の値を求めましょう。　1問　10点

(1) $2x-3y$

(2) $4x^2-12xy+9y^2$

58日目 確認問題⑨

1 次の数の分母を有理化しましょう。

1問 7点
↩ 112 ページ **1** 、113 ページ **2**

(1) $\dfrac{2}{\sqrt{6}}$

(2) $\dfrac{\sqrt{12}}{\sqrt{3}+1}$

(3) $\dfrac{\sqrt{3}-\sqrt{5}}{\sqrt{3}+\sqrt{5}}$

(4) $\dfrac{\sqrt{5}+\sqrt{2}}{\sqrt{8}-\sqrt{5}}$

2 次の計算をしましょう。

1問 10点
↩ 114 ページ **1** 、115 ページ **2**

(1) $\dfrac{2}{\sqrt{5}}-\dfrac{3}{\sqrt{50}}$

(2) $\dfrac{\sqrt{3}}{2\sqrt{2}}+\dfrac{\sqrt{2}}{\sqrt{3}}-\dfrac{1}{2\sqrt{6}}$

(3) $\dfrac{1}{1+\sqrt{2}}-\dfrac{1}{\sqrt{2}+\sqrt{3}}$

(4) $\dfrac{\sqrt{5}-1}{2\sqrt{5}+3}+\dfrac{\sqrt{5}+1}{2\sqrt{5}-3}$

3 $a=\sqrt{7}+\sqrt{3}$ 、$b=\sqrt{7}-\sqrt{3}$ のとき、次の式の値を求めましょう。　　1問　9点

 117 ページ **2**

(1) a^2-b^2

(2) a^2b+ab^2

4 $x=\dfrac{1}{3+\sqrt{7}}$ 、$y=\dfrac{1}{3-\sqrt{7}}$ のとき、次の式の値を求めましょう。　　1問　7点

118 ページ **1**

(1) x^2+y^2

(2) x^2+xy

〈数学の小話〉

列車のダイヤグラム

ダイヤグラムとは、列車の運行の様子をグラフで表したものです。横軸に時刻、縦軸に道のりをとると、グラフは直線になり、1つの列車の運行の様子が1つの直線で表されています。直線の傾きが列車の速度を表しており、傾きが急なほど、列車の速度が速いことを示しています。また、直線が水平であるところは、列車が駅に停車して

いることを示しています。日本ではじめて鉄道が開通したのは明治時代のことで、その頃から、ダイヤグラムを用いて、鉄道の運行計画を立てていました。当時は、鉄道発祥の国、イギリスから技術者を招いて、ダイヤグラムを作成していました。当時の日本人は、その手法に大変驚いたそうです。

平方根と複素数の まとめ①

1 次の数の平方根を求めましょう。　　　　　　　　　　　　　1問　**4点**

(1) 11

(2) −12

2 次の数を、根号を用いないで表しましょう。　　　　　　　1問　**4点**

(1) $\sqrt{\dfrac{1}{4}}$

(2) $\sqrt{(-3)^2}$

3 $\sqrt{15}<a<\sqrt{50}$ をみたす整数 a をすべて求めましょう。　　　**10点**

$a=$

4 次の分数を循環小数で表しましょう。電卓を使って計算してもよいです。1問　**6点**

(1) $\dfrac{17}{27}$

(2) $\dfrac{2}{33}$

5 次の循環小数を分数で表しましょう。　　　　　　　　　　1問　**6点**

(1) $1.\dot{5}$

(2) $3.\dot{1}\dot{4}$

6 次の計算をしましょう。　　　　　　　　　　　　　　　　　　　**1問　7点**

(1) $(3+i)(5-6i)$　　　　　　　　　(2) $\dfrac{5-10i}{4+3i}$

(3) $(1-2i)^2$　　　　　　　　　(4) $\dfrac{4+6i}{(2+i)^2}$

7 次の問題に答えましょう。　　　　　　　　　　　　　　　　　　　**1問　5点**

(1) 絶対値が5である数を2つ答えましょう。

と

(2) 絶対値が5より小さい整数をすべて答えましょう。

8 xが次の値のとき、$P=|x-1|-3|3-x|$ の値を求めましょう。　　**1問　6点**

(1) -1　　　　　　　　　　　　　(2) π

平方根と複素数の まとめ②

1 次の数を、有理数、無理数に分類しましょう。 　　　　1問　5点

$$\sqrt{3}、\sqrt{4}、-\sqrt{5}、\sqrt{\dfrac{9}{25}}、\sqrt{0.81}、\sqrt{1.21}、\sqrt{(-5)^2}、\sqrt{(1-\sqrt{2})^2}$$

(1) 有理数

(2) 無理数

2 次の数の分母を有理化しましょう。 　　　　1問　4点

(1) $\dfrac{15}{2\sqrt{6}}$

(2) $\dfrac{3}{\sqrt{5}+\sqrt{8}}$

3 次の計算をしましょう。 　　　　1問　5点

(1) $\sqrt{27}-\sqrt{48}+\sqrt{75}-\sqrt{12}$

(2) $(2\sqrt{7}-\sqrt{18})(2\sqrt{7}+\sqrt{32})$

(3) $(\sqrt{3}+\sqrt{5})(\sqrt{20}-\sqrt{12})$

(4) $(2\sqrt{3}+\sqrt{6})^2$

(5) $(\sqrt{3}-\sqrt{2})^2(\sqrt{3}+\sqrt{2})^2$

(6) $(\sqrt{5}-\sqrt{3})^2-(\sqrt{5}+\sqrt{3})^2$

$(7)\ \dfrac{5\sqrt{3}}{3\sqrt{5}}-\dfrac{\sqrt{5}}{5\sqrt{3}}$

$(8)\ \dfrac{15\sqrt{6}}{\sqrt{12}}-\dfrac{18}{\sqrt{2}}-\sqrt{72}$

$(9)\ \dfrac{\sqrt{8}}{\sqrt{11}-3}+\dfrac{2}{3-\sqrt{7}}$

$(10)\ (-\sqrt{2}+\sqrt{5})(\sqrt{-24}+\sqrt{15})$

4 $x=\sqrt{3}+\sqrt{2}$、$y=\sqrt{3}-\sqrt{2}$ のとき、次の式の値を求めましょう。　　**1問　8点**

$(1)\ xy^2+x^2y$

$(2)\ x^3+y^3$

5 $a=\dfrac{2}{\sqrt{11}-3}$、$b=\dfrac{2}{\sqrt{11}+3}$ のとき、次の式の値を求めましょう。　　**1問　8点**

$(1)\ a^2-b^2$

$(2)\ a^2+b^2$

できたら☑チェックシート

 ポイント

まずは「学習する時間」を決めましょう!

習慣化のために、最初は意識的に決めた時間帯でやってみましょう。

学習する時間帯に☑　朝□　お昼□　夕方□　夜□

スタート!　できたらチェック☑を記入

1日目 □

まずは、式の展開から始めましょう。

2日目 □

3日目 □

4日目 □

5日目 □

累乗の計算はバッチリですね!

6日目 □

7日目 □

8日目 □

9日目 □

10日目 □

11日目 □

12日目 □

たくさんの展開の公式を覚えましたね!

13日目 □

14日目 □

15日目 □

16日目 □

17日目 □

18日目 □

いよいよ因数分解に突入です!

19日目 □

20日目 □

21日目 □

22日目 □

23日目 □

24日目 □

25日目 □

公式を使うことに慣れてきましたね!

26日目 □

27日目 □

28日目 □

29日目 □

1か月間続きましたね!

30日目 □

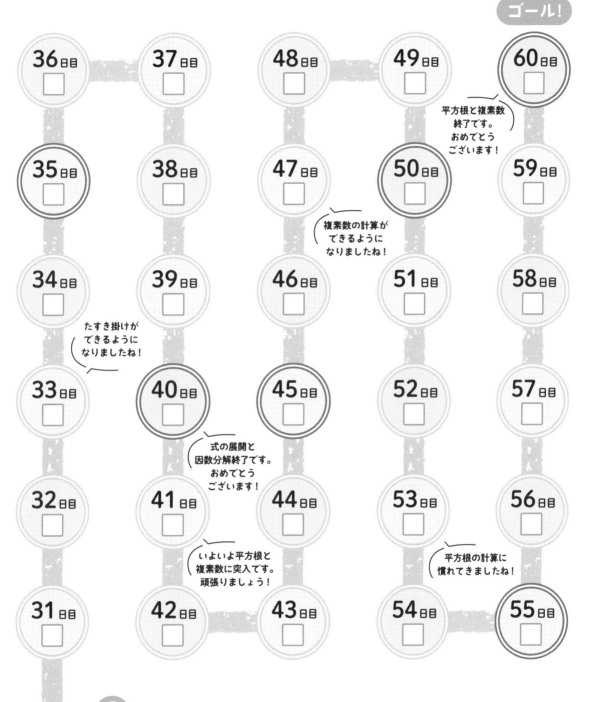

2か月間
よくがんばりましたね。
他の数学にも
チャレンジしてみましょう！

ゴール！

36日目

37日目

48日目

49日目

60日目

平方根と複素数
終了です。
おめでとう
ございます！

35日目

38日目

47日目

50日目

59日目

複素数の計算が
できるように
なりましたね！

34日目

39日目

46日目

51日目

58日目

たすき掛けが
できるように
なりましたね！

33日目

40日目

45日目

52日目

57日目

式の展開と
因数分解終了です。
おめでとう
ございます！

32日目

41日目

44日目

53日目

56日目

いよいよ平方根と
複素数に突入です。
頑張りましょう！

平方根の計算に
慣れてきましたね！

31日目

42日目

43日目

54日目

55日目

💡 ポイント

毎日の習慣になってきましたか？　毎日、続けられていますか？
まだ習慣化できていない場合は、次を参考にしてみましょう。
・やる時間帯を見直す　・ドリルを目につきやすいところに置く

解きながら楽しむ
大人の数学
因数分解と平方根編

2023年11月　初版第1刷発行
2024年 3 月　初版第2刷発行

カバー・本文デザイン	川口 匠（細山田デザイン事務所）
カバー・本文イラスト	平澤 南
編集協力	株式会社アポロ企画

発行人	志村 直人
発行所	株式会社くもん出版
	〒141-8488
	東京都品川区東五反田2-10-2
	東五反田スクエア11F
電話	代表 03-6836-0301
	編集 03-6836-0317
	営業 03-6836-0305
ホームページ	https://www.kumonshuppan.com/

印刷・製本	三美印刷株式会社

解きながら
楽しむ

大人の
数学

$x^2+(a+b)x+ab=(x+a)(x+b)$

$x^2+2ax+a^2=(x+a)^2$

$x^2-2ax+a^2=(x-a)^2$

$x^2-a^2=(x+a)(x-a)$

因数分解と
平方根編

別冊解答書
答えと解き方

KUMON

1　(a+b)(c+d) の計算をしよう！
P.4 - 5

1 (1) ア、ウ

    (2) イ、エ

2 (1) $2bd+cd$　　(2) $2pr+3qr$

    (3) $3cy-4dy$　　(4) $-2ax+4bx$

3 (1) $xy+6x+3y+18$

    (2) $ab+2a+8b+16$

    (3) $ax+ay+bx+by$

    (4) $2ac+ad+2bc+bd$

    (5) $ac-ad+2bc-2bd$

    (6) $5ax+5ay-bx-by$

    (7) $4ax-8ay-bx+2by$

    (8) $-3am-9bm+an+3bn$

    (9) $20ac-35ad+12bc-21bd$

    (10) $-5ac+3ad+10bc-6bd$

解き方

1 $2a^2$ や $-2xyz$ のように、数や文字を掛け合わせた式を単項式、$4a-b$ や x^2-5y^2-1 のように、単項式の足し算の形で表された式を多項式といいます。

2 文字と文字の掛け算は、ふつうアルファベット順に書きます。

    (1) $d(2b+c)=d\times2b+d\times c$

               $=2bd+cd$

    (2) $(2p+3q)r=2p\times r+3q\times r$

               $=2pr+3qr$

    (4) $-2x(a-2b)=-2x\times a-2x\times(-2b)$

                  $=-2ax+4bx$

3 (1) $(x+3)(y+6)=x(y+6)+3(y+6)$

                  $=xy+6x+3y+18$

    (3) $(a+b)(x+y)=a(x+y)+b(x+y)$

                  $=ax+ay+bx+by$

    (5) $(a+2b)(c-d)=a(c-d)+2b(c-d)$

                  $=ac-ad+2bc-2bd$

    (6) $(5a-b)(x+y)=5a(x+y)-b(x+y)$

                  $=5ax+5ay-bx-by$

    (7) $(4a-b)(x-2y)=4a(x-2y)-b(x-2y)$

                  $=4ax-8ay-bx+2by$

    (10) $(-a+2b)(5c-3d)$

      $=-a(5c-3d)+2b(5c-3d)$

      $=-5ac+3ad+10bc-6bd$

2　(a+b)(x+y+z) の計算をしよう！
P.6 - 7

1 (1) $2ax+ay+az+2bx+by+bz$

    (2) $2ax+2ay-2az+bx+by-bz$

    (3) $ac-2ad+3ae-3bc+6bd-9be$

    (4) $6ax-9ay+15az+8bx-12by+20bz$

    (5) $2ax+6x+ay+3y+a+3$

    (6) $3ax-bx-6ay+2by+9a-3b$

2 (1) A+B $\cdots 6x^2+3x+2$

      A-B $\cdots 4x^2+x$

    (2) A+B $\cdots -x^3+6x^2+9x-10$

      A-B $\cdots -5x^3+8x^2-x+4$

解き方

1 (1) $(a+b)(2x+y+z)$

    $=a(2x+y+z)+b(2x+y+z)$

    $=2ax+ay+az+2bx+by+bz$

    (3) $(a-3b)(c-2d+3e)$

    $=a(c-2d+3e)-3b(c-2d+3e)$

    $=ac-2ad+3ae-3bc+6bd-9be$

    (5) $(2x+y+1)(a+3)$

    $=2x(a+3)+y(a+3)+(a+3)$

    $=2ax+6x+ay+3y+a+3$

2 (1) A+B $=(5x^2+2x+1)+(x^2+x+1)$

          $=(5+1)x^2+(2+1)x+(1+1)$

          $=6x^2+3x+2$

     A-B $=(5x^2+2x+1)-(x^2+x+1)$

          $=(5-1)x^2+(2-1)x+(1-1)$

          $=4x^2+x$

    (2) A+B $=(-3x^3+7x^2+4x-3)$

              $+(2x^3-x^2+5x-7)$

          $=(-3+2)x^3+(7-1)x^2$

              $+(4+5)x+(-3-7)$

          $=-x^3+6x^2+9x-10$

     A-B $=(-3x^3+7x^2+4x-3)$

              $-(2x^3-x^2+5x-7)$

          $=(-3-2)x^3+(7+1)x^2$

              $+(4-5)x+(-3+7)$

          $=-5x^3+8x^2-x+4$

3 P.8-9 | 指数法則って何？

1 (1) a^5 (2) a^{20}
(3) a^{11} (4) a^{24}
(5) a^8 (6) a^{14}

2 (1) $-12x^6$ (2) $-64x^6$
(3) $-18a^8$ (4) $-40a^6$
(5) $-14x^2y^3$ (6) $27x^6y^{12}$
(7) $2x^7y^3$ (8) $81x^5y^5$

解き方

1 (1) $a^2 \times a^3 = (a \times a) \times (a \times a \times a) = a^{2+3} = a^5$
(2) $(a^4)^5 = (a \times a \times a \times a)^5 = a^{4 \times 5} = a^{20}$
(3) $(a^2)^3 \times a^5 = a^{2 \times 3} \times a^5 = a^6 \times a^5 = a^{6+5} = a^{11}$
(4) $\{(a^3)^2\}^4 = (a^{3 \times 2})^4 = (a^6)^4 = a^{6 \times 4} = a^{24}$
(5) $a^2 \times a \times a^5 = a^{2+1+5} = a^8$
(6) $a \times (a^2)^2 \times (a^3)^3 = a \times a^{2 \times 2} \times a^{3 \times 3}$
$= a \times a^4 \times a^9$
$= a^{1+4+9} = a^{14}$

2 (1) $-3x^2 \times 4x^4 = -3 \times 4 \times x^{2+4} = -12x^6$
(2) $(-4x^2)^3 = (-4)^3 \times x^{2 \times 3} = -64x^6$
(3) $(-3a^3)^2 \times (-2a^2) = 9a^6 \times (-2a^2)$
$= -18a^8$
(4) $a^2 \times 5a \times (-2a)^3 = a^2 \times 5a \times (-8a^3)$
$= -40a^6$
(5) $-7x^2y \times 2y^2 = (-7) \times 2 \times x^2 \times y^{1+2}$
$= -14x^2y^3$
(6) $(3x^2y^4)^3 = 3^3 \times x^{2 \times 3} \times y^{4 \times 3} = 27x^6y^{12}$
(7) $2x^3y \times x^4y^2 = 2 \times x^{3+4} \times y^{1+2} = 2x^7y^3$
(8) $(3x^2y)^2 \times 9xy^3 = 9x^4y^2 \times 9xy^3 = 81x^5y^5$

4 P.10-11 | 分配法則と指数法則を使って式を展開しよう！

1 (1) $-6x^3 - 12x^2 + 24x$
(2) $x^4 - 4x^3 + 5x^2$
(3) $x^2y^4 - 8xy^3$
(4) $2x^4y - 7x^2y^2$
(5) $6x^5 + 13x^4 + 5x^3$
(6) $-8x^5 + 30x^4 - 7x^3$

2 (1) $x^3 - x^2 - x - 2$
(2) $x^3 + x^2 - 2x + 12$
(3) $2x^3 - 15x^2 + 12x - 35$
(4) $2x^3 + x^2 - 9$
(5) $a^4 + a^3 + 2a^2 + a + 1$
(6) $a^3 + 2a^2b + 2ab^2 + b^3$
(7) $3x^3 - 10x^2y + 6xy^2 - y^3$
(8) $x^4 + x^3y + 2x^2y^2 + xy^3 + y^4$

解き方

1 (5) $(2x^3 + x^2)(3x^2 + 5x)$
$= 2x^3(3x^2 + 5x) + x^2(3x^2 + 5x)$
$= 6x^5 + 10x^4 + 3x^4 + 5x^3$
$= 6x^5 + 13x^4 + 5x^3$
(6) $(7x^2 - 2x^3)(4x^2 - x)$
$= 7x^2(4x^2 - x) - 2x^3(4x^2 - x)$
$= 28x^4 - 7x^3 - 8x^5 + 2x^4$
$= -8x^5 + 30x^4 - 7x^3$

2 (1) $(x-2)(x^2 + x + 1)$
$= x(x^2 + x + 1) - 2(x^2 + x + 1)$
$= x^3 + x^2 + x - 2x^2 - 2x - 2$
$= x^3 - x^2 - x - 2$
(3) $(2x^2 - x + 5)(x - 7)$
$= 2x^2(x-7) - x(x-7) + 5(x-7)$
$= 2x^3 - 14x^2 - x^2 + 7x + 5x - 35$
$= 2x^3 - 15x^2 + 12x - 35$
(4) $(x^2 + 2x + 3)(2x - 3)$
$= x^2(2x-3) + 2x(2x-3) + 3(2x-3)$
$= 2x^3 - 3x^2 + 4x^2 - 6x + 6x - 9$
$= 2x^3 + x^2 - 9$
(6) $(a+b)(a^2 + ab + b^2)$
$= a(a^2 + ab + b^2) + b(a^2 + ab + b^2)$
$= a^3 + a^2b + ab^2 + a^2b + ab^2 + b^3$
$= a^3 + 2a^2b + 2ab^2 + b^3$

1 (1) $3ac+4ad+6bc+8bd$

(2) $6ac-18ad-2bc+6bd$

(3) $12ax+6bx+3cx+20ay+10by+5cy$

(4) $7ax-21bx-7cx-6ay+18by+6cy$

2 (1) A+B$\cdots x^2+2x+3$

A−B$\cdots 3x^2-8x+5$

(2) A+B$\cdots -7x^2-6x-8$

A−B$\cdots 2x^3-9x^2-4x+4$

3 (1) $-5a^3b^3$　　(2) $-8x^8y^9$

(3) $-108a^7$　　(4) $16x^{12}y^8$

4 (1) x^3+9x^2+7x-8

(2) $a^5-a^4+4a^3-a^2+a-4$

(3) $a^3-2a^2b-5ab^2+6b^3$

(4) $8x^4-10x^3y+3x^2y^2-12xy^3+9y^4$

解き方

1 (3) $(3x+5y)(4a+2b+c)$

$=3x(4a+2b+c)+5y(4a+2b+c)$

$=12ax+6bx+3cx+20ay+10by+5cy$

2 (2) A+B$=(x^3-8x^2-5x-2)$

$\qquad\qquad +(-x^3+x^2-x-6)$

$=(1-1)x^3+(-8+1)x^2$

$\qquad\qquad +(-5-1)x+(-2-6)$

$=-7x^2-6x-8$

A−B$=(x^3-8x^2-5x-2)$

$\qquad\qquad -(-x^3+x^2-x-6)$

$=(1+1)x^3+(-8-1)x^2$

$\qquad\qquad +(-5+1)x+(-2+6)$

$=2x^3-9x^2-4x+4$

3 (3) $2a^4\times(-6a)\times(-3a)^2$

$=2a^4\times(-6a)\times(-3)^2\times a^2$

$=2\times(-6)\times9\times a^{4+1+2}$

$=-108a^7$

4 (4) $(2x^3-x^2y-3y^3)(4x-3y)$

$=2x^3(4x-3y)-x^2y(4x-3y)$

$\qquad\qquad -3y^3(4x-3y)$

$=8x^4-6x^3y-4x^3y+3x^2y^2-12xy^3+9y^4$

$=8x^4-10x^3y+3x^2y^2-12xy^3+9y^4$

1 (1) a^2+2a+1　　(2) $a^2+16a+64$

(3) a^2-4a+4　　(4) $a^2-10a+25$

(5) $4x^2+4x+1$　　(6) $9x^2-6x+1$

(7) $9a^2+12a+4$　　(8) $25x^2-30x+9$

2 (1) $4a^2+4ab+b^2$　　(2) $25x^2-10xy+y^2$

(3) $a^2+12ab+36b^2$　　(4) $x^2-14xy+49y^2$

(5) $25a^2-20ab+4b^2$　　(6) $4x^2+12xy+9y^2$

(7) $9a^4+6a^2b+b^2$　　(8) $x^2-10xy^2+25y^4$

(9) $16a^4+24a^2b^2+9b^4$　　(10) $49x^4-42x^2y^2+9y^4$

解き方

1 (1) $(a+1)^2=a^2+2\cdot a\cdot1+1^2=a^2+2a+1$

(2) $(a+8)^2=a^2+2\cdot a\cdot8+8^2=a^2+16a+64$

(3) $(a-2)^2=a^2-2\cdot a\cdot2+2^2=a^2-4a+4$

(4) $(a-5)^2=a^2-2\cdot a\cdot5+5^2=a^2-10a+25$

(5) $(2x+1)^2=(2x)^2+2\cdot(2x)\cdot1+1^2$

$\qquad\qquad =4x^2+4x+1$

(6) $(3x-1)^2=(3x)^2-2\cdot(3x)\cdot1+1^2$

$\qquad\qquad =9x^2-6x+1$

(7) $(3a+2)^2=(3a)^2+2\cdot(3a)\cdot2+2^2$

$\qquad\qquad =9a^2+12a+4$

(8) $(5x-3)^2=(5x)^2-2\cdot(5x)\cdot3+3^2$

$\qquad\qquad =25x^2-30x+9$

2 (1) $(2a+b)^2=(2a)^2+2\cdot(2a)\cdot b+b^2$

$\qquad\qquad =4a^2+4ab+b^2$

(2) $(5x-y)^2=(5x)^2-2\cdot(5x)\cdot y+y^2$

$\qquad\qquad =25x^2-10xy+y^2$

(3) $(a+6b)^2=a^2+2\cdot a\cdot(6b)+(6b)^2$

$\qquad\qquad =a^2+12ab+36b^2$

(4) $(x-7y)^2=x^2-2\cdot x\cdot(7y)+(7y)^2$

$\qquad\qquad =x^2-14xy+49y^2$

(5) $(5a-2b)^2=(5a)^2-2\cdot(5a)\cdot(2b)+(2b)^2$

$\qquad\qquad =25a^2-20ab+4b^2$

(6) $(2x+3y)^2=(2x)^2+2\cdot(2x)\cdot(3y)+(3y)^2$

$\qquad\qquad =4x^2+12xy+9y^2$

(7) $(3a^2+b)^2=(3a^2)^2+2\cdot(3a^2)\cdot b+b^2$

$\qquad\qquad =9a^4+6a^2b+b^2$

(9) $(4a^2+3b^2)^2=(4a^2)^2+2\cdot(4a^2)\cdot(3b^2)+(3b^2)^2$

$\qquad\qquad =16a^4+24a^2b^2+9b^4$

(10) $(7x^2-3y^2)^2=(7x^2)^2-2\cdot(7x^2)\cdot(3y^2)+(3y^2)^2$

$\qquad\qquad =49x^4-42x^2y^2+9y^4$

$(a+b)^2$、$(a-b)^2$ を展開してみよう！②

$(a+b)(a-b)$、$(x+a)(x+b)$ を展開してみよう！①

1 (1) $a^2+2ab+b^2+10a+10b+25$

　　(2) $a^2-2ab+b^2-4a+4b+4$

　　(3) $4x^2+4xy+y^2+4x+2y+1$

　　(4) $x^2-4xy+4y^2-6x+12y+9$

　　(5) $9a^2-12ab+4b^2+36a-24b+36$

　　(6) $4x^2+16xy+16y^2-20x-40y+25$

2 (1) $x^2+2xy+y^2+2xz+2yz+z^2$

　　(2) $a^2+2ab+b^2-6ac-6bc+9c^2$

　　(3) $x^2-6xy+9y^2-10xz+30yz+25z^2$

　　(4) $x^6+2x^5-3x^4-4x^3+4x^2$

解き方

1 (1) $a+b$＝A とおくと、

　　　　$(a+b+5)^2$

　　　　$=(A+5)^2=A^2+10A+25$

　　　　$=(a+b)^2+10(a+b)+25$

　　　　$=a^2+2ab+b^2+10a+10b+25$

　　(3) $2x+y$＝A とおくと、

　　　　$(2x+y+1)^2$

　　　　$=(A+1)^2=A^2+2A+1$

　　　　$=(2x+y)^2+2(2x+y)+1$

　　　　$=4x^2+4xy+y^2+4x+2y+1$

　　(5) $3a-2b$＝A とおくと、

　　　　$(3a-2b+6)^2$

　　　　$=(A+6)^2=A^2+12A+36$

　　　　$=(3a-2b)^2+12(3a-2b)+36$

　　　　$=9a^2-12ab+4b^2+36a-24b+36$

2 (1) $(x+y+z)^2=\{(x+y)+z\}^2$

　　　　$=(x+y)^2+2(x+y)z+z^2$

　　　　$=x^2+2xy+y^2+2xz+2yz+z^2$

　　(2) $(a+b-3c)^2=\{(a+b)-3c\}^2$

　　　　$=(a+b)^2-2(a+b)\cdot(3c)+(3c)^2$

　　　　$=a^2+2ab+b^2-6ac-6bc+9c^2$

　　(3) $(x-3y-5z)^2=\{(x-3y)-5z\}^2$

　　　　$=(x-3y)^2+2(x-3y)\cdot(-5z)+(5z)^2$

　　　　$=x^2-6xy+9y^2-10xz+30yz+25z^2$

　　(4) $(x^3+x^2-2x)^2=\{(x^3+x^2)-2x\}^2$

　　　　$=(x^3+x^2)^2-2(x^3+x^2)\cdot(2x)+4x^2$

　　　　$=x^6+2x^5+x^4-4x^4-4x^3+4x^2$

　　　　$=x^6+2x^5-3x^4-4x^3+4x^2$

1 (1) a^2-9　　　　(2) x^2-25

　　(3) $64-a^2$　　　(4) x^2-y^2

　　(5) $9x^2-4$　　　(6) a^4-4a^2

　　(7) x^2-25y^2　　(8) $49a^2-4b^2$

2 (1) $x^2+10x+21$　　(2) $a^2+9a+20$

　　(3) $a^2+4a-12$　　(4) $x^2+5x-14$

　　(5) x^2-7x-8　　(6) $a^2+6a-27$

　　(7) $a^2-11a+28$　　(8) $x^2-11x+30$

　　(9) $2a^2-14a-36$　(10) $-3x^2+15x-18$

解き方

1 (1) $(a+3)(a-3)=a^2-3^2=a^2-9$

　　(2) $(x-5)(x+5)=x^2-5^2=x^2-25$

　　(3) $(8-a)(8+a)=8^2-a^2=64-a^2$

　　(5) $(3x-2)(3x+2)=(3x)^2-2^2=9x^2-4$

　　(6) $(a^2+2a)(a^2-2a)=(a^2)^2-(2a)^2=a^4-4a^2$

　　(7) $(x+5y)(x-5y)=x^2-(5y)^2=x^2-25y^2$

　　(8) $(7a+2b)(7a-2b)=(7a)^2-(2b)^2=49a^2-4b^2$

2 (1) $(x+3)(x+7)=x^2+(3+7)x+3\cdot7$

　　　　　　　　　$=x^2+10x+21$

　　(2) $(a+4)(a+5)=a^2+(4+5)a+4\cdot5$

　　　　　　　　　$=a^2+9a+20$

　　(3) $(a+6)(a-2)=a^2+(6-2)a+6\cdot(-2)$

　　　　　　　　　$=a^2+4a-12$

　　(4) $(x+7)(x-2)=x^2+(7-2)x+7\cdot(-2)$

　　　　　　　　　$=x^2+5x-14$

　　(5) $(x-8)(x+1)=x^2+(-8+1)x+(-8)\cdot1$

　　　　　　　　　$=x^2-7x-8$

　　(6) $(a-3)(a+9)=a^2+(-3+9)a+(-3)\cdot9$

　　　　　　　　　$=a^2+6a-27$

　　(7) $(a-4)(a-7)=a^2+(-4-7)a+(-4)\cdot(-7)$

　　　　　　　　　$=a^2-11a+28$

　　(8) $(x-5)(x-6)=x^2+(-5-6)x+(-5)\cdot(-6)$

　　　　　　　　　$=x^2-11x+30$

　　(9) $2(a+2)(a-9)=2\{a^2+(2-9)a+2\cdot(-9)\}$

　　　　　　　　　$=2(a^2-7a-18)$

　　　　　　　　　$=2a^2-14a-36$

　　(10) $-3(x-2)(x-3)$

　　　　$=-3\{x^2+(-2-3)x+(-2)\cdot(-3)\}$

　　　　$=-3(x^2-5x+6)$

　　　　$=-3x^2+15x-18$

9 P.20-21 $(a+b)(a-b)$、$(x+a)(x+b)$ を展開してみよう！②

1
(1) $x^2-2xy+y^2-9$
(2) $a^2+2ab+b^2-36$
(3) $a^2+4ab+4b^2-25$
(4) $9x^2-6xy+y^2-16$
(5) $4x^2+12xy+9y^2-1$
(6) $16a^2+8ab+b^2-c^2$

2
(1) $a^2+2ab+b^2-3a-3b-10$
(2) $9a^2+6ab+b^2-6a-2b-24$
(3) $a^2+8a+16-ab-4b-6b^2$
(4) $x^4+4x^3+12x^2+16x-9$
(5) $x^4+5x^2y^2+y^4+4x^3y+4xy^3$

解き方

1 (1) $x-y=A$ とおくと、
$(x-y-3)(x-y+3)=(A-3)(A+3)$
$=A^2-3^2$
$=(x-y)^2-9$
$=x^2-2xy+y^2-9$

(3) $a+2b=A$ とおくと、
$(a+2b+5)(a+2b-5)=(A+5)(A-5)$
$=A^2-5^2$
$=(a+2b)^2-25$
$=a^2+4ab+4b^2-25$

2 (1) $a+b=A$ とおくと、
$(a+b-5)(a+b+2)=(A-5)(A+2)$
$=A^2-3A-10$
$=(a+b)^2-3(a+b)-10$
$=a^2+2ab+b^2-3a-3b-10$

(3) $a+4=A$ とおくと、
$(a+2b+4)(a-3b+4)=(A+2b)(A-3b)$
$=A^2-bA-6b^2$
$=(a+4)^2-b(a+4)-6b^2$
$=a^2+8a+16-ab-4b-6b^2$

(5) $x^2+y^2=A$ とおくと、
$(x^2+xy+y^2)(x^2+3xy+y^2)$
$=(A+xy)(A+3xy)$
$=A^2+4xyA+3x^2y^2$
$=(x^2+y^2)^2+4xy(x^2+y^2)+3x^2y^2$
$=x^4+2x^2y^2+y^4+4x^3y+4xy^3+3x^2y^2$
$=x^4+5x^2y^2+y^4+4x^3y+4xy^3$

10 P.22-23 $(ax+b)(cx+d)$ を展開してみよう！

1
(1) $2x^2+7x+3$
(2) $2a^2-a-15$
(3) $6x^2-11x+4$
(4) $12a^2+5a-2$
(5) $6x^2+17x-14$
(6) $10a^2+3a-18$

2
(1) $2x^2+9xy+10y^2$
(2) $3a^2-13ab-10b^2$
(3) $6x^2+47xy+35y^2$
(4) $6x^2-11xy-10y^2$
(5) $20a^2-23ab-21b^2$
(6) $18a^2+19ab-12b^2$
(7) $14a^2-31ab+15b^2$
(8) $12x^4-7x^2y^2-12y^4$

解き方

1 (3) $(2x-1)(3x-4)$
$=2\cdot3x^2+\{2\cdot(-4)+(-1)\cdot3\}x+(-1)\cdot(-4)$
$=6x^2-11x+4$

(5) $(2x+7)(3x-2)$
$=2\cdot3x^2+\{2\cdot(-2)+7\cdot3\}x+7\cdot(-2)$
$=6x^2+17x-14$

(6) $(5a-6)(2a+3)$
$=5\cdot2a^2+\{5\cdot3+(-6)\cdot2\}a+(-6)\cdot3$
$=10a^2+3a-18$

2 (1) $(2x+5y)(x+2y)$
$=2\cdot1x^2+\{2\cdot(2y)+(5y)\cdot1\}x+(5y)\cdot(2y)$
$=2x^2+9xy+10y^2$

(2) $(3a+2b)(a-5b)$
$=3\cdot1a^2+\{3\cdot(-5b)+(2b)\cdot1\}a+(2b)\cdot(-5b)$
$=3a^2-13ab-10b^2$

(4) $(2x-5y)(3x+2y)$
$=2\cdot3x^2+\{2\cdot(2y)+(-5y)\cdot3\}x+(-5y)\cdot(2y)$
$=6x^2-11xy-10y^2$

(5) $(5a+3b)(4a-7b)$
$=5\cdot4a^2+\{5\cdot(-7b)+(3b)\cdot4\}a+(3b)\cdot(-7b)$
$=20a^2-23ab-21b^2$

(7) $(7a-5b)(2a-3b)$
$=7\cdot2a^2+\{7\cdot(-3b)+(-5b)\cdot2\}a$
$\qquad\qquad+(-5b)\cdot(-3b)$
$=14a^2-31ab+15b^2$

(8) $(4x^2+3y^2)(3x^2-4y^2)$
$=4\cdot3x^4+\{4\cdot(-4y^2)+(3y^2)\cdot3\}x^2$
$\qquad\qquad+(3y^2)\cdot(-4y^2)$
$=12x^4-7x^2y^2-12y^4$

6

1 (1) 1024   (2) 2401

(3) 9801   (4) 65.61

2 27394756

3 (1) 9999   (2) 4899

(3) 9975   (4) 8.96

4 16

解き方

1 (1) $32^2=(30+2)^2=30^2+2\cdot30\cdot2+2^2$
$=900+120+4=1024$

(2) $49^2=(50-1)^2=50^2-2\cdot50\cdot1+1^2$
$=2500-100+1=2401$

(3) $99^2=(100-1)^2=100^2-2\cdot100\cdot1+1^2$
$=10000-200+1=9801$

(4) $8.1^2=(8+0.1)^2=8^2+2\cdot8\cdot0.1+0.1^2$
$=64+1.6+0.01=65.61$

2 $5234^2=(5000+234)^2$
$=5000^2+2\cdot5000\cdot234+234^2$
$=25000000+2340000+54756$
$=27394756$

3 (1) $101\times99=(100+1)(100-1)=100^2-1^2$
$=10000-1=9999$

(2) $71\times69=(70+1)(70-1)=70^2-1^2$
$=4900-1=4899$

(3) $105\times95=(100+5)(100-5)=100^2-5^2$
$=10000-25=9975$

(4) $3.2\times2.8=(3+0.2)(3-0.2)=3^2-0.2^2$
$=9-0.04=8.96$

4 $664^2-660\times668$
$=664^2-(664-4)(664+4)$
$=664^2-(664^2-4^2)$
$=664^2-664^2+4^2=16$

1 (1) $x^2-4xy+4y^2$ (2) $9a^2+24ab+16b^2$

(3) $4x^2-12xy+9y^2$ (4) a^2-36

(5) $25x^2-4$ (6) $4a^2-9b^2$

2 (1) $a^2+2ab+b^2+4ac+4bc+4c^2$

(2) $4x^2-4xy+y^2-4xz+2yz+z^2$

(3) $x^2+4xy+4y^2-x-2y-6$

(4) $x^4-6x^3+3x^2+18x-7$

3 (1) $6a^2+13ab-5b^2$

(2) $18x^2+41xy-10y^2$

(3) $6a^2b^2-5abc-6c^2$

(4) $15a^2-19ab+6b^2$

4 (1) 841   (2) 2499

解き方

1 (2) $(3a+4b)^2=(3a)^2+2\cdot(3a)\cdot(4b)+(4b)^2$
$=9a^2+24ab+16b^2$

(6) $(2a-3b)(2a+3b)=(2a)^2-(3b)^2$
$=4a^2-9b^2$

2 (1) $(a+b+2c)^2=\{(a+b)+2c\}^2$
$=(a+b)^2+2\cdot(a+b)\cdot(2c)+(2c)^2$
$=a^2+2ab+b^2+4ac+4bc+4c^2$

(4) $x^2-3x=$A とおくと、
$(x^2-3x-7)(x^2-3x+1)=($A$-7)($A$+1)$
$=$A$^2-6$A-7
$=(x^2-3x)^2-6(x^2-3x)-7$
$=x^4-6x^3+9x^2-6x^2+18x-7$
$=x^4-6x^3+3x^2+18x-7$

3 (1) $(2a+5b)(3a-b)$
$=2\cdot3a^2+\{2\cdot(-b)+(5b)\cdot3\}a$
$\qquad\qquad+(5b)\cdot(-b)$
$=6a^2+13ab-5b^2$

(3) $(3ab+2c)(2ab-3c)$
$=3\cdot2a^2b^2+\{3\cdot(-3c)+(2c)\cdot2\}ab$
$\qquad\qquad+(2c)\cdot(-3c)$
$=6a^2b^2-5abc-6c^2$

4 (1) $29^2=(30-1)^2=30^2-2\cdot30\cdot1+1^2$
$=900-60+1=841$

(2) $51\times49=(50+1)(50-1)=50^2-1^2$
$=2500-1=2499$

1 (1) $a^3+6a^2+12a+8$

(2) $x^3+12x^2+48x+64$

(3) a^3-3a^2+3a-1

(4) $x^3-6x^2+12x-8$

(5) $a^3+15a^2+75a+125$

(6) $x^3-9x^2+27x-27$

2 (1) $a^3+6a^2b+12ab^2+8b^3$

(2) $a^3+9a^2b+27ab^2+27b^3$

(3) $x^3-3x^2y+3xy^2-y^3$

(4) $x^3-6x^2y+12xy^2-8y^3$

(5) $a^3+18a^2b+108ab^2+216b^3$

(6) $x^3-21x^2y+147xy^2-343y^3$

(7) $x^3-24x^2y+192xy^2-512y^3$

(8) $a^3-12a^2b+48ab^2-64b^3$

解き方

1 (1) $(a+2)^3=a^3+3\cdot a^2\cdot 2+3\cdot a\cdot 2^2+2^3$
$\qquad\qquad =a^3+6a^2+12a+8$

(3) $(a-1)^3=a^3-3\cdot a^2\cdot 1+3\cdot a\cdot 1^2-1^3$
$\qquad\qquad =a^3-3a^2+3a-1$

2 (1) $(a+2b)^3=a^3+3\cdot a^2\cdot(2b)+3\cdot a\cdot(2b)^2+(2b)^3$
$\qquad\qquad =a^3+6a^2b+12ab^2+8b^3$

(2) $(a+3b)^3=a^3+3\cdot a^2\cdot(3b)+3\cdot a\cdot(3b)^2+(3b)^3$
$\qquad\qquad =a^3+9a^2b+27ab^2+27b^3$

(3) $(x-y)^3=x^3-3\cdot x^2\cdot y+3\cdot x\cdot y^2-y^3$
$\qquad\qquad =x^3-3x^2y+3xy^2-y^3$

(4) $(x-2y)^3$
$\quad =x^3-3\cdot x^2\cdot(2y)+3\cdot x\cdot(2y)^2-(2y)^3$
$\quad =x^3-6x^2y+12xy^2-8y^3$

(5) $(a+6b)^3$
$\quad =a^3+3\cdot a^2\cdot(6b)+3\cdot a\cdot(6b)^2+(6b)^3$
$\quad =a^3+18a^2b+108ab^2+216b^3$

(6) $(x-7y)^3$
$\quad =x^3-3\cdot x^2\cdot(7y)+3\cdot x\cdot(7y)^2-(7y)^3$
$\quad =x^3-21x^2y+147xy^2-343y^3$

(7) $(x-8y)^3$
$\quad =x^3-3\cdot x^2\cdot(8y)+3\cdot x\cdot(8y)^2-(8y)^3$
$\quad =x^3-24x^2y+192xy^2-512y^3$

(8) $(a-4b)^3$
$\quad =a^3-3\cdot a^2\cdot(4b)+3\cdot a\cdot(4b)^2-(4b)^3$
$\quad =a^3-12a^2b+48ab^2-64b^3$

1 (1) $8a^3+12a^2+6a+1$

(2) $125x^3+150x^2+60x+8$

(3) $27a^3-54a^2+36a-8$

(4) $27x^3-27x^2+9x-1$

(5) $8a^3-84a^2+294a-343$

(6) $64x^3+144x^2+108x+27$

(7) $x^6+6x^4+12x^2+8$

(8) $-a^3-3a^2-3a-1$

2 (1) $8a^3+12a^2b+6ab^2+b^3$

(2) $27x^3-27x^2y+9xy^2-y^3$

(3) $8a^3+36a^2b+54ab^2+27b^3$

(4) $125a^3-225a^2b+135ab^2-27b^3$

(5) $-a^6+9a^4-27a^2+27$

(6) $-8a^3-12a^2b-6ab^2-b^3$

解き方

1 (2) $(5x+2)^3$
$\quad =(5x)^3+3\cdot(5x)^2\cdot 2+3\cdot(5x)\cdot 2^2+2^3$
$\quad =125x^3+150x^2+60x+8$

(5) $(2a-7)^3$
$\quad =(2a)^3-3\cdot(2a)^2\cdot 7+3\cdot(2a)\cdot 7^2-7^3$
$\quad =8a^3-84a^2+294a-343$

(7) $(x^2+2)^3$
$\quad =(x^2)^3+3\cdot(x^2)^2\cdot 2+3\cdot x^2\cdot 2^2+2^3$
$\quad =x^6+6x^4+12x^2+8$

(8) $(-a-1)^3$
$\quad =(-a)^3-3\cdot(-a)^2\cdot 1+3\cdot(-a)\cdot 1^2-1^3$
$\quad =-a^3-3a^2-3a-1$

2 (1) $(2a+b)^3$
$\quad =(2a)^3+3\cdot(2a)^2\cdot b+3\cdot(2a)\cdot b^2+b^3$
$\quad =8a^3+12a^2b+6ab^2+b^3$

(4) $(5a-3b)^3$
$\quad =(5a)^3-3\cdot(5a)^2\cdot(3b)$
$\qquad\qquad +3\cdot(5a)\cdot(3b)^2-(3b)^3$
$\quad =125a^3-225a^2b+135ab^2-27b^3$

(5) $(-a^2+3)^3$
$\quad =(-a^2)^3+3\cdot(-a^2)^2\cdot 3+3\cdot(-a^2)\cdot 3^2+3^3$
$\quad =-a^6+9a^4-27a^2+27$

(6) $(-2a-b)^3$
$\quad =(-2a)^3-3\cdot(-2a)^2\cdot b+3\cdot(-2a)\cdot b^2-b^3$
$\quad =-8a^3-12a^2b-6ab^2-b^3$

15
P.32-33

$(a+b)(a^2-ab+b^2)$、$(a-b)(a^2+ab+b^2)$
を展開してみよう！①

1. (1) $a^6-12a^4+48a^2-64$
   (2) $x^6-27x^4+243x^2-729$
   (3) $64x^6-48x^4+12x^2-1$
   (4) $a^6-12a^4b^2+48a^2b^4-64b^6$
2. (1) a^3+1　　(2) x^3+64
   (3) x^3-27　　(4) a^3-8
   (5) a^3+125　　(6) x^3-216

解き方

1. (1) $(a+2)^3(a-2)^3=\{(a+2)(a-2)\}^3$
   $=(a^2-4)^3$
   $=(a^2)^3-3\cdot(a^2)^2\cdot4+3\cdot a^2\cdot4^2-4^3$
   $=a^6-12a^4+48a^2-64$

   (2) $(x+3)^3(x-3)^3=\{(x+3)(x-3)\}^3$
   $=(x^2-9)^3$
   $=(x^2)^3-3\cdot(x^2)^2\cdot9+3\cdot x^2\cdot9^2-9^3$
   $=x^6-27x^4+243x^2-729$

   (3) $(2x+1)^3(2x-1)^3=\{(2x+1)(2x-1)\}^3$
   $=(4x^2-1)^3$
   $=(4x^2)^3-3\cdot(4x^2)^2\cdot1+3\cdot(4x^2)\cdot1^2-1^3$
   $=64x^6-48x^4+12x^2-1$

   (4) $(a+2b)^3(a-2b)^3=\{(a+2b)(a-2b)\}^3$
   $=(a^2-4b^2)^3$
   $=(a^2)^3-3\cdot(a^2)^2\cdot(4b^2)$
   $\qquad\qquad+3\cdot a^2\cdot(4b^2)^2-(4b^2)^3$
   $=a^6-12a^4b^2+48a^2b^4-64b^6$

2. (1) $(a+1)(a^2-a+1)=a^3+1^3=a^3+1$
   (2) $(x+4)(x^2-4x+16)=x^3+4^3=x^3+64$
   (3) $(x-3)(x^2+3x+9)=x^3-3^3=x^3-27$
   (4) $(a-2)(a^2+2a+4)=a^3-2^3=a^3-8$
   (5) $(a+5)(a^2-5a+25)=a^3+5^3=a^3+125$
   (6) $(x-6)(x^2+6x+36)=x^3-6^3=x^3-216$

16
P.34-35

$(a+b)(a^2-ab+b^2)$、$(a-b)(a^2+ab+b^2)$
を展開してみよう！②

1. (1) a^3+27b^3　　(2) x^3+343y^3
   (3) a^3-64b^3　　(4) x^3-125y^3
   (5) $a^3-1000b^3$　　(6) x^3+512y^3
   (7) $a^3-\dfrac{1}{27}$　　(8) $x^3+\dfrac{8}{27}$
2. (1) $8a^3-1$　　(2) $27x^3+1$
   (3) $27a^3+8$　　(4) $8x^3-27$
   (5) $125a^3-27$　　(6) $64x^3+125$
   (7) $27a^3+b^3$　　(8) $125x^3-y^3$
   (9) $8a^3-125b^3$　　(10) $27x^3+8y^3$

解き方

1. (1) $(a+3b)(a^2-3ab+9b^2)=a^3+(3b)^3$
   $=a^3+27b^3$
   (2) $(x+7y)(x^2-7xy+49y^2)=x^3+(7y)^3$
   $=x^3+343y^3$
   (3) $(a-4b)(a^2+4ab+16b^2)=a^3-(4b)^3$
   $=a^3-64b^3$
   (7) $\left(a-\dfrac{1}{3}\right)\left(a^2+\dfrac{1}{3}a+\dfrac{1}{9}\right)=a^3-\left(\dfrac{1}{3}\right)^3$
   $=a^3-\dfrac{1}{27}$
   (8) $\left(x+\dfrac{2}{3}\right)\left(x^2-\dfrac{2}{3}x+\dfrac{4}{9}\right)=x^3+\left(\dfrac{2}{3}\right)^3$
   $=x^3+\dfrac{8}{27}$

2. (1) $(2a-1)(4a^2+2a+1)=(2a)^3-1^3$
   $=8a^3-1$
   (2) $(3x+1)(9x^2-3x+1)=(3x)^3+1^3$
   $=27x^3+1$
   (3) $(3a+2)(9a^2-6a+4)=(3a)^3+2^3$
   $=27a^3+8$
   (4) $(2x-3)(4x^2+6x+9)=(2x)^3-3^3$
   $=8x^3-27$
   (7) $(3a+b)(9a^2-3ab+b^2)=(3a)^3+b^3$
   $=27a^3+b^3$
   (8) $(5x-y)(25x^2+5xy+y^2)=(5x)^3-y^3$
   $=125x^3-y^3$
   (9) $(2a-5b)(4a^2+10ab+25b^2)$
   $=(2a)^3-(5b)^3=8a^3-125b^3$
   (10) $(3x+2y)(9x^2-6xy+4y^2)$
   $=(3x)^3+(2y)^3=27x^3+8y^3$

1 (1) $a^2+b^2+2ab+2a+2b+1$

(2) $a^2+4b^2+4ab-2a-4b+1$

(3) $x^2+y^2+4z^2+2xy+4yz+4zx$

(4) $4x^2+y^2+z^2+4xy-2yz-4zx$

(5) $9a^2+4b^2+c^2+12ab+4bc+6ca$

(6) $4a^2+25b^2+c^2-20ab+10bc-4ca$

2 (1) $x^4-2x^2y^2+y^4$

(2) $a^4+2a^3b-3a^2b^2-4ab^3+4b^4$

(3) $x^4+10x^3+35x^2+50x+24$

(4) $a^4+2a^3-13a^2-14a+24$

解き方

1 (2) $(a+2b-1)^2$

$=a^2+(2b)^2+(-1)^2+2\cdot a\cdot(2b)$
$\qquad+2\cdot(2b)\cdot(-1)+2\cdot(-1)\cdot a$

$=a^2+4b^2+4ab-2a-4b+1$

(3) $(x+y+2z)^2$

$=x^2+y^2+(2z)^2+2\cdot x\cdot y+2\cdot y\cdot(2z)$
$\qquad+2\cdot(2z)\cdot x$

$=x^2+y^2+4z^2+2xy+4yz+4zx$

(5) $(3a+2b+c)^2$

$=(3a)^2+(2b)^2+c^2+2\cdot(3a)\cdot(2b)$
$\qquad+2\cdot(2b)\cdot c+2\cdot c\cdot(3a)$

$=9a^2+4b^2+c^2+12ab+4bc+6ca$

2 (1) $(x+y)^2(x-y)^2$

$=\{(x+y)(x-y)\}^2$

$=(x^2-y^2)^2$

$=(x^2)^2-2\cdot x^2\cdot y^2+(y^2)^2$

$=x^4-2x^2y^2+y^4$

(2) $(a-b)^2(a+2b)^2$

$=\{(a-b)(a+2b)\}^2$

$=(a^2+ab-2b^2)^2$

$=(a^2)^2+(ab)^2+(-2b^2)^2+2\cdot a^2\cdot(ab)$
$\qquad+2\cdot(ab)\cdot(-2b^2)+2\cdot(-2b^2)\cdot a^2$

$=a^4+2a^3b-3a^2b^2-4ab^3+4b^4$

(4) $(a-1)(a-3)(a+2)(a+4)$

$=(a-1)(a+2)(a-3)(a+4)$

$=(a^2+a-2)(a^2+a-12)$

$=(a^2+a)^2-14(a^2+a)+24$

$=a^4+2a^3+a^2-14a^2-14a+24$

$=a^4+2a^3-13a^2-14a+24$

1 (1) a^3+3a^2+3a+1

(2) $x^3-12x^2+48x-64$

(3) $x^3+6x^2y+12xy^2+8y^3$

(4) $125a^3-150a^2b+60ab^2-8b^3$

(5) x^3+125　　(6) $27a^3-b^3$

(7) $64x^3-27y^3$　　(8) $27x^3y^3+8z^3$

2 (1) $a^6-3a^4b^2+3a^2b^4-b^6$

(2) $4a^2+b^2+c^2+4ab+2bc+4ca$

(3) $x^4+2x^3-3x^2-4x+4$

(4) $x^4-2x^3-25x^2+26x+120$

解き方

1 (3) $(x+2y)^3=x^3+3\cdot x^2\cdot(2y)$
$\qquad\qquad\qquad+3\cdot x\cdot(2y)^2+(2y)^3$

$\qquad=x^3+6x^2y+12xy^2+8y^3$

(4) $(5a-2b)^3$

$=(5a)^3-3\cdot(5a)^2\cdot(2b)$
$\qquad+3\cdot(5a)\cdot(2b)^2-(2b)^3$

$=125a^3-150a^2b+60ab^2-8b^3$

(5) $(x+5)(x^2-5x+25)=x^3+5^3=x^3+125$

(6) $(3a-b)(9a^2+3ab+b^2)$

$=(3a)^3-b^3=27a^3-b^3$

(7) $(4x-3y)(16x^2+12xy+9y^2)$

$=(4x)^3-(3y)^3=64x^3-27y^3$

(8) $(3xy+2z)(9x^2y^2-6xyz+4z^2)$

$=(3xy)^3+(2z)^3=27x^3y^3+8z^3$

2 (1) $(a+b)^3(a-b)^3$

$=\{(a+b)(a-b)\}^3$

$=(a^2-b^2)^3$

$=(a^2)^3-3\cdot(a^2)^2\cdot b^2+3\cdot a^2\cdot(b^2)^2-(b^2)^3$

$=a^6-3a^4b^2+3a^2b^4-b^6$

(2) $(2a+b+c)^2$

$=(2a)^2+b^2+c^2+2\cdot(2a)\cdot b+2\cdot b\cdot c$
$\qquad+2\cdot c\cdot(2a)$

$=4a^2+b^2+c^2+4ab+2bc+4ca$

(4) $(x-5)(x-3)(x+2)(x+4)$

$=(x-5)(x+4)(x-3)(x+2)$

$=(x^2-x-20)(x^2-x-6)$

$=(x^2-x)^2-26(x^2-x)+120$

$=x^4-2x^3+x^2-26x^2+26x+120$

$=x^4-2x^3-25x^2+26x+120$

1 (1) $x(x+4)$　　　(2) $y(4x+7)$

(3) $2a(a-3)$　　　(4) $-x^2(2x+5y)$

(5) $3ab(b-6)$　　　(6) $5xz(5y+3)$

2 (1) $x(2x^2+x+1)$　　(2) $a(a+b+c)$

(3) $3a(4x-y-3z)$　　(4) $ax(ax^2+3x+1)$

(5) $xy(3x-6+y)$　　(6) $xy(xy^2+y-1)$

(7) $6axy(a^2x-6x^2y+3ay^2)$

解き方

1 (1) $x^2+4x=x\cdot x+x\cdot 4=x(x+4)$

(2) $4xy+7y=y\cdot 4x+y\cdot 7=y(4x+7)$

(3) $2a^2-6a=2a\cdot a+2a\cdot(-3)=2a(a-3)$

(4) $-2x^3-5x^2y=-x^2\cdot 2x-x^2\cdot 5y$
$\qquad\qquad\qquad =-x^2(2x+5y)$

(5) $3ab^2-18ab=3ab\cdot b+3ab\cdot(-6)$
$\qquad\qquad\qquad =3ab(b-6)$

(6) $25xyz+15xz=5xz\cdot 5y+5xz\cdot 3$
$\qquad\qquad\qquad =5xz(5y+3)$

2 (1) $2x^3+x^2+x=x\cdot 2x^2+x\cdot x+x\cdot 1$
$\qquad\qquad\qquad =x(2x^2+x+1)$

(2) $a^2+ab+ac=a\cdot a+a\cdot b+a\cdot c$
$\qquad\qquad\qquad =a(a+b+c)$

(3) $12ax-3ay-9az$
$\quad =3a\cdot 4x+3a\cdot(-y)+3a\cdot(-3z)$
$\quad =3a(4x-y-3z)$

(4) $a^2x^3+3ax^2+ax$
$\quad =ax\cdot ax^2+ax\cdot 3x+ax\cdot 1$
$\quad =ax(ax^2+3x+1)$

(5) $3x^2y-6xy+xy^2$
$\quad =xy\cdot 3x+xy\cdot(-6)+xy\cdot y$
$\quad =xy(3x-6+y)$

(6) $x^2y^3+xy^2-xy$
$\quad =xy\cdot xy^2+xy\cdot y+xy\cdot(-1)$
$\quad =xy(xy^2+y-1)$

(7) $6a^3x^2y-36ax^3y^2+18a^2xy^3$
$\quad =6axy\cdot a^2x+6axy\cdot(-6x^2y)$
$\qquad\qquad\qquad\qquad +6axy\cdot 3ay^2$
$\quad =6axy(a^2x-6x^2y+3ay^2)$

1 (1) $(3-x)(x+1)$　　(2) $(2a+b)(x+2y)$

(3) $2(a-2b)(x-2y)$　　(4) $(a-b)(a-b+2)$

(5) $(a+b)(3ac+3bc-2)$

(6) $(c-1)(a-b)$　　(7) $2(a+2)(x-y)$

(8) $2(2a-1)(p-2q)$

2 (1) $(a+b)(x+1)$　　(2) $(a+1)(b-c)$

(3) $(3a-4b)(x-y)$　　(4) $(x-2)(y-z)$

(5) $(z-x)(xy-1)$　　(6) $(ab-c)(a^2-b)$

解き方

1 (2) $(2a+b)x+(4a+2b)y$
$\quad =(2a+b)x+(2a+b)\cdot 2y$
$\quad =(2a+b)(x+2y)$

(3) $2a(x-2y)+4b(2y-x)$
$\quad =2a(x-2y)-4b(-2y+x)$
$\quad =2a(x-2y)-4b(x-2y)$
$\quad =(2a-4b)(x-2y)=2(a-2b)(x-2y)$

(5) $3(a+b)^2c-2a-2b=3(a+b)^2c-2(a+b)$
$\quad =(a+b)\{3(a+b)c-2\}$
$\quad =(a+b)(3ac+3bc-2)$

(7) $2a(x-y)+4x-4y=2a(x-y)+4(x-y)$
$\quad =(2a+4)(x-y)=2(a+2)(x-y)$

(8) $4a(p-2q)-2p+4q$
$\quad =4a(p-2q)-2(p-2q)$
$\quad =(4a-2)(p-2q)$
$\quad =2(2a-1)(p-2q)$

2 (1) $ax+bx+a+b=(a+b)x+(a+b)$
$\quad =(a+b)(x+1)$

(2) $ab+b-ac-c=ab-ac+b-c$
$\quad =a(b-c)+(b-c)$
$\quad =(a+1)(b-c)$

(3) $3ax-4bx+4by-3ay$
$\quad =3ax-3ay-4bx+4by$
$\quad =3a(x-y)-4b(x-y)$
$\quad =(3a-4b)(x-y)$

(5) $xyz-x^2y+x-z=xyz-z-x^2y+x$
$\quad =z(xy-1)-x(xy-1)$
$\quad =(z-x)(xy-1)$

(6) $a^3b-a^2c+bc-ab^2=a^3b-ab^2-a^2c+bc$
$\quad =ab(a^2-b)-c(a^2-b)$
$\quad =(ab-c)(a^2-b)$

21
P.44-45 | $(a+b)^2$、$(a-b)^2$ を使って因数分解しよう！①

1 (1) $(a+3)^2$ (2) $(x+6)^2$

(3) $(a-2)^2$ (4) $(x-4)^2$

(5) $\left(a-\dfrac{1}{4}\right)^2$ (6) $\left(x-\dfrac{3}{2}\right)^2$

2 (1) $(2a+3)^2$ (2) $(4x+7)^2$

(3) $(5a-1)^2$ (4) $(3x-5)^2$

(5) $(3a-2b)^2$ (6) $\left(4x+\dfrac{1}{2}y\right)^2$

(7) $\left(2a-\dfrac{1}{5}b\right)^2$ (8) $\left(3xy-\dfrac{1}{3}\right)^2$

解き方

1 (1) $a^2+6a+9=a^2+2\cdot3\cdot a+3^2$

$\qquad =(a+3)^2$

(3) $a^2-4a+4=a^2-2\cdot2\cdot a+2^2$

$\qquad =(a-2)^2$

(5) $a^2-\dfrac{1}{2}a+\dfrac{1}{16}=a^2-2\cdot\dfrac{1}{4}\cdot a+\left(\dfrac{1}{4}\right)^2$

$\qquad =\left(a-\dfrac{1}{4}\right)^2$

(6) $x^2-3x+\dfrac{9}{4}=x^2-2\cdot\dfrac{3}{2}\cdot x+\left(\dfrac{3}{2}\right)^2$

$\qquad =\left(x-\dfrac{3}{2}\right)^2$

2 (1) $4a^2+12a+9=(2a)^2+2\cdot(2a)\cdot3+3^2$

$\qquad =(2a+3)^2$

(3) $25a^2-10a+1=(5a)^2-2\cdot(5a)\cdot1+1^2$

$\qquad =(5a-1)^2$

(5) $9a^2-12ab+4b^2$

$\qquad =(3a)^2-2\cdot(3a)\cdot(2b)+(2b)^2$

$\qquad =(3a-2b)^2$

(6) $16x^2+4xy+\dfrac{1}{4}y^2$

$\qquad =(4x)^2+2\cdot(4x)\cdot\left(\dfrac{1}{2}y\right)+\left(\dfrac{1}{2}y\right)^2$

$\qquad =\left(4x+\dfrac{1}{2}y\right)^2$

(8) $9x^2y^2-2xy+\dfrac{1}{9}$

$\qquad =(3xy)^2-2\cdot(3xy)\cdot\dfrac{1}{3}+\left(\dfrac{1}{3}\right)^2$

$\qquad =\left(3xy-\dfrac{1}{3}\right)^2$

22
P.46-47 | $(a+b)^2$、$(a-b)^2$ を使って因数分解しよう！②

1 (1) $2(a-3)^2$ (2) $3(x+2)^2$

(3) $-4(x-1)^2$ (4) $-3(a-3)^2$

(5) $x(x+5)^2$ (6) $ab(a-9)^2$

2 (1) $2(2x+5y)^2$ (2) $2a(2a-3)^2$

(3) $y^2(2x+3)^2$ (4) $3ab(b-3c)^2$

(5) $3(x+y-1)^2$ (6) $a(m+n+2)^2$

(7) $(a-b)(x+3)^2$ (8) $(x+2y)(x-5)^2$

解き方

1 (1) $2a^2-12a+18=2(a^2-6a+9)=2(a-3)^2$

(2) $3x^2+12x+12=3(x^2+4x+4)=3(x+2)^2$

(3) $-4x^2+8x-4=-4(x^2-2x+1)$

$\qquad =-4(x-1)^2$

(4) $-3a^2+18a-27=-3(a^2-6a+9)$

$\qquad =-3(a-3)^2$

(5) $x^3+10x^2+25x=x(x^2+10x+25)$

$\qquad =x(x+5)^2$

(6) $a^3b-18a^2b+81ab=ab(a^2-18a+81)$

$\qquad =ab(a-9)^2$

2 (1) $8x^2+40xy+50y^2$

$\qquad =2(4x^2+20xy+25y^2)$

$\qquad =2(2x+5y)^2$

(2) $8a^3-24a^2+18a=2a(4a^2-12a+9)$

$\qquad =2a(2a-3)^2$

(3) $4x^2y^2+12xy^2+9y^2=y^2(4x^2+12x+9)$

$\qquad =y^2(2x+3)^2$

(4) $3ab^3-18ab^2c+27abc^2$

$\qquad =3ab(b^2-6bc+9c^2)$

$\qquad =3ab(b-3c)^2$

(5) $3(x+y)^2-6(x+y)+3$

$\qquad =3\{(x+y)^2-2(x+y)+1\}=3(x+y-1)^2$

(6) $a(m+n)^2+4a(m+n)+4a$

$\qquad =a\{(m+n)^2+4(m+n)+4\}$

$\qquad =a(m+n+2)^2$

(7) $(a-b)x^2+6(a-b)x+9(a-b)$

$\qquad =(a-b)(x^2+6x+9)=(a-b)(x+3)^2$

(8) $(x+2y)x^2-10(x+2y)x+25(x+2y)$

$\qquad =(x+2y)(x^2-10x+25)$

$\qquad =(x+2y)(x-5)^2$

23 P.48·49 | $(a+b)(a-b)$ を使って因数分解しよう！①

24 P.50·51 | $(a+b)(a-b)$ を使って因数分解しよう！②

1 (1) $(a+3)(a-3)$　　(2) $(x+12)(x-12)$

(3) $(2a+5)(2a-5)$　　(4) $(6x+7)(6x-7)$

(5) $\left(\dfrac{x}{2}+1\right)\left(\dfrac{x}{2}-1\right)$

(6) $\left(\dfrac{a}{5}+\dfrac{1}{3}\right)\left(\dfrac{a}{5}-\dfrac{1}{3}\right)$

2 (1) $(x+2y)(x-2y)$

(2) $(2x+7y)(2x-7y)$

(3) $(x+yz)(x-yz)$

(4) $(xy+4a)(xy-4a)$

(5) $3(x+5y)(x-5y)$

(6) $a(x+3y)(x-3y)$

(7) $2z(y+2xz)(y-2xz)$

(8) $3ab(2a+b)(2a-b)$

解き方

1 (1) $a^2-9=a^2-3^2=(a+3)(a-3)$

(2) $x^2-144=x^2-12^2=(x+12)(x-12)$

(3) $4a^2-25=(2a)^2-5^2=(2a+5)(2a-5)$

(4) $36x^2-49=(6x)^2-7^2=(6x+7)(6x-7)$

(5) $\dfrac{x^2}{4}-1=\left(\dfrac{x}{2}\right)^2-1^2=\left(\dfrac{x}{2}+1\right)\left(\dfrac{x}{2}-1\right)$

(6) $\dfrac{a^2}{25}-\dfrac{1}{9}=\left(\dfrac{a}{5}\right)^2-\left(\dfrac{1}{3}\right)^2=\left(\dfrac{a}{5}+\dfrac{1}{3}\right)\left(\dfrac{a}{5}-\dfrac{1}{3}\right)$

2 (1) $x^2-4y^2=x^2-(2y)^2=(x+2y)(x-2y)$

(2) $4x^2-49y^2=(2x)^2-(7y)^2$
$=(2x+7y)(2x-7y)$

(3) $x^2-y^2z^2=x^2-(yz)^2=(x+yz)(x-yz)$

(4) $x^2y^2-16a^2=(xy)^2-(4a)^2$
$=(xy+4a)(xy-4a)$

(5) $3x^2-75y^2=3(x^2-25y^2)=3\{x^2-(5y)^2\}$
$=3(x+5y)(x-5y)$

(6) $ax^2-9ay^2=a(x^2-9y^2)=a\{x^2-(3y)^2\}$
$=a(x+3y)(x-3y)$

(7) $2y^2z-8x^2z^3$
$=2z(y^2-4x^2z^2)=2z\{y^2-(2xz)^2\}$
$=2z(y+2xz)(y-2xz)$

(8) $12a^3b-3ab^3=3ab(4a^2-b^2)$
$=3ab\{(2a)^2-b^2\}$
$=3ab(2a+b)(2a-b)$

1 (1) $(2x^2+y)(2x^2-y)$

(2) $(2x+3y^2)(2x-3y^2)$

(3) $(3x^2y+4z)(3x^2y-4z)$

(4) $-(7x^2+ab)(7x^2-ab)$

(5) $3(a^2+3)(a^2-3)$

(6) $4(x^2+2y^2)(x^2-2y^2)$

2 (1) $(a^2+1)(a+1)(a-1)$

(2) $(x^2+9)(x+3)(x-3)$

(3) $(a^2+4b^2)(a+2b)(a-2b)$

(4) $2(a^4+b^2)(a^2+b)(a^2-b)$

(5) $y^2(x^2+y^2z^2)(x+yz)(x-yz)$

(6) $(x^4+y^4)(x^2+y^2)(x+y)(x-y)$

(7) $(16a^4+1)(4a^2+1)(2a+1)(2a-1)$

解き方

1 (1) $4x^4-y^2=(2x^2)^2-y^2=(2x^2+y)(2x^2-y)$

(2) $4x^2-9y^4=(2x)^2-(3y^2)^2$
$=(2x+3y^2)(2x-3y^2)$

(3) $9x^4y^2-16z^2=(3x^2y)^2-(4z)^2$
$=(3x^2y+4z)(3x^2y-4z)$

(4) $-49x^4+a^2b^2=-(49x^4-a^2b^2)$
$=-\{(7x^2)^2-(ab)^2\}=-(7x^2+ab)(7x^2-ab)$

(5) $3a^4-27=3(a^4-9)=3\{(a^2)^2-3^2\}$
$=3(a^2+3)(a^2-3)$

(6) $4x^4-16y^4=4(x^4-4y^4)=4\{(x^2)^2-(2y^2)^2\}$
$=4(x^2+2y^2)(x^2-2y^2)$

2 (1) $a^4-1=(a^2)^2-(1^2)^2=(a^2+1)(a^2-1^2)$
$=(a^2+1)(a+1)(a-1)$

(2) $x^4-81=(x^2)^2-(3^2)^2=(x^2+3^2)(x^2-3^2)$
$=(x^2+9)(x+3)(x-3)$

(3) $a^4-16b^4=(a^2)^2-(4b^2)^2=(a^2+4b^2)(a^2-4b^2)$
$=(a^2+4b^2)\{a^2-(2b)^2\}$
$=(a^2+4b^2)(a+2b)(a-2b)$

(5) $x^4y^2-y^6z^2=y^2(x^4-y^4z^2)=y^2\{(x^2)^2-(y^2z^2)^2\}$
$=y^2(x^2+y^2z^2)(x^2-y^2z^2)$
$=y^2(x^2+y^2z^2)\{x^2-(yz)^2\}$
$=y^2(x^2+y^2z^2)(x+yz)(x-yz)$

(6) $x^8-y^8=(x^4)^2-(y^4)^2=(x^4+y^4)(x^4-y^4)$
$=(x^4+y^4)\{(x^2)^2-(y^2)^2\}$
$=(x^4+y^4)(x^2+y^2)(x^2-y^2)$
$=(x^4+y^4)(x^2+y^2)(x+y)(x-y)$

25

1 (1) 560　　　　(2) 400
(3) −60000　　(4) 5000
(5) 550　　　　(6) 99.8

2 (1) 10000　　(2) 3600
(3) 1600　　　(4) 400

3 8の倍数

解き方

1 (1) $39^2-31^2=(39+31)(39-31)$
$=70\times8=560$

(3) $250^2-350^2=(250+350)(250-350)$
$=600\times(-100)=-60000$

(4) $135^2-115^2=(135+115)(135-115)$
$=250\times20=5000$

(5) $30.5^2-19.5^2=(30.5+19.5)(30.5-19.5)$
$=50\times11=550$

(6) $9.99^2-0.01^2=(9.99+0.01)(9.99-0.01)$
$=10\times9.98=99.8$

2 (1) $83^2+2\times83\times17+17^2=(83+17)^2$
$=100^2=10000$

(2) $74^2-2\times74\times14+14^2=(74-14)^2$
$=60^2=3600$

(3) $19^2+19\times42+21^2=19^2+19\times(2\times21)+21^2$
$=19^2+2\times19\times21+21^2$
$=(19+21)^2=40^2=1600$

(4) $35^2+15^2-70\times15$
$=35^2-70\times15+15^2=35^2-2\times35\times15+15^2$
$=(35-15)^2=20^2=400$

3 連続する2つの奇数において、小さい方の奇数を $2n-1$ とおくと、大きい方の奇数は $(2n-1)+2=2n+1$ と表されます。
大きい方の奇数の2乗から、小さい方の奇数の2乗を引くと、
$(2n+1)^2-(2n-1)^2$
$=(4n^2+4n+1)-(4n^2-4n+1)$
$=8n$
これは、8×(ある整数)の形の式であるから、8の倍数です。つまり、連続する2つの奇数において、大きい方の奇数の2乗から、小さい方の奇数の2乗を引くと、8の倍数になります。

26

1 (1) $a(a-7b)$　　(2) $4x^2(2+y)$
(3) $3a(8x-8y+z)$
(4) $(3x-1)(a-2b)$
(5) $(x-12)^2$　　(6) $\left(a-\dfrac{1}{2}\right)^2$
(7) $\left(\dfrac{1}{2}x+\dfrac{1}{3}\right)^2$　　(8) $(a+13b)^2$

2 (1) $2ax(x-3)^2$　　(2) $2a(3x+5y)^2$
(3) $(3x+2)(3x-2)$
(4) $3(3a+5b)(3a-5b)$
(5) $3ax(y+3)(y-3)$
(6) $(x^2+4)(x+2)(x-2)$

解き方

1 (1) $a^2-7ab=a\cdot a+a\cdot(-7b)=a(a-7b)$
(2) $8x^2+4x^2y=4x^2\cdot2+4x^2\cdot y=4x^2(2+y)$
(4) $3x(a-2b)+2b-a=3x(a-2b)-(a-2b)$
$=(3x-1)(a-2b)$
(5) $x^2-24x+144=x^2-2\cdot x\cdot12+12^2=(x-12)^2$
(6) $a^2-a+\dfrac{1}{4}=a^2-2\cdot a\cdot\dfrac{1}{2}+\left(\dfrac{1}{2}\right)^2=\left(a-\dfrac{1}{2}\right)^2$

(7) $\dfrac{1}{4}x^2+\dfrac{1}{3}x+\dfrac{1}{9}$
$=\left(\dfrac{1}{2}x\right)^2+2\cdot\left(\dfrac{1}{2}x\right)\cdot\left(\dfrac{1}{3}\right)+\left(\dfrac{1}{3}\right)^2$
$=\left(\dfrac{1}{2}x+\dfrac{1}{3}\right)^2$

(8) $a^2+26ab+169b^2=a^2+2\cdot a\cdot13b+(13b)^2$
$=(a+13b)^2$

2 (1) $2ax^3-12ax^2+18ax=2ax(x^2-6x+9)$
$=2ax(x-3)^2$

(2) $18ax^2+60axy+50ay^2$
$=2a(9x^2+30xy+25y^2)$
$=2a\{(3x)^2+2\cdot3x\cdot5y+(5y)^2\}$
$=2a(3x+5y)^2$

(3) $9x^2-4=(3x)^2-2^2=(3x+2)(3x-2)$

(4) $27a^2-75b^2$
$=3(9a^2-25b^2)=3\{(3a)^2-(5b)^2\}$
$=3(3a+5b)(3a-5b)$

(5) $3axy^2-27ax=3ax(y^2-9)=3ax(y^2-3^2)$
$=3ax(y+3)(y-3)$

(6) $x^4-16=(x^2)^2-(2^2)^2=(x^2+2^2)(x^2-2^2)$
$=(x^2+4)(x+2)(x-2)$

1 (1) $(x+1)(x+3)$　　(2) $(x+1)(x+8)$

(3) $(x-3)(x-6)$　　(4) $(x-2)(x-5)$

(5) $(a+5)(a-10)$　　(6) $(a-8)(a+10)$

2 (1) $(x+3y)(x+14y)$　　(2) $(a+2b)(a+14b)$

(3) $(x-3y)(x-4y)$　　(4) $(x-a)(x+7a)$

(5) $(x+5a)(x-7a)$　　(6) $(a+4b)(a-5b)$

(7) $(x-2y)(x+13y)$　　(8) $(a-b)(a-2b)$

解き方

1 (1) 和が4、積が3となる2数は1と3であるから、$x^2+4x+3=(x+1)(x+3)$

(3) 和が-9、積が18となる2数は-3と-6であるから、$x^2-9x+18=(x-3)(x-6)$

(4) 和が-7、積が10となる2数は-2と-5であるから、$x^2-7x+10=(x-2)(x-5)$

(5) 和が-5、積が-50となる2数は5と-10であるから、$a^2-5a-50=(a+5)(a-10)$

(6) 和が2、積が-80となる2数は-8と10であるから、$a^2+2a-80=(a-8)(a+10)$

2 (1) 和が$17y$、積が$42y^2$となる2式は$3y$と$14y$であるから、$x^2+17xy+42y^2=(x+3y)(x+14y)$

(2) 和が$16b$、積が$28b^2$となる2式は$2b$と$14b$であるから、$a^2+16ab+28b^2=(a+2b)(a+14b)$

(3) 和が$-7y$、積が$12y^2$となる2式は$-3y$と$-4y$であるから、$x^2-7xy+12y^2=(x-3y)(x-4y)$

(4) 和が$6a$、積が$-7a^2$となる2式は$-a$と$7a$であるから、$x^2+6ax-7a^2=(x-a)(x+7a)$

(5) 和が$-2a$、積が$-35a^2$となる2式は$5a$と$-7a$であるから、$x^2-2ax-35a^2=(x+5a)(x-7a)$

(6) 和が$-b$、積が$-20b^2$となる2式は$4b$と$-5b$であるから、$a^2-ab-20b^2=(a+4b)(a-5b)$

(7) 和が$11y$、積が$-26y^2$となる2式は$-2y$と$13y$であるから、$x^2+11xy-26y^2=(x-2y)(x+13y)$

1 (1) $2(x+3)(x+9)$　　(2) $4(a+2)(a-3)$

(3) $3(a-2)(a-6)$　　(4) $4(x+1)(x+8)$

(5) $2(a-1)(a-2)$　　(6) $5(x-2)(x+5)$

2 (1) $a(x+2)(x-6)$　　(2) $-3a(x+1)(x-4)$

(3) $4(a+4b)(a+5b)$

(4) $y(x-2y)(x+6y)$

(5) $a(a-b)(a-12b)$

(6) $3a(a-2b)(a-9b)$

(7) $2x(yz+2)(yz-7)$

(8) $2xy(x+y)(x+2y)$

解き方

1 (1) $2x^2+24x+54=2(x^2+12x+27)$
$=2(x+3)(x+9)$

(2) $4a^2-4a-24=4(a^2-a-6)$
$=4(a+2)(a-3)$

(3) $3a^2-24a+36=3(a^2-8a+12)$
$=3(a-2)(a-6)$

(5) $2a^2-6a+4=2(a^2-3a+2)$
$=2(a-1)(a-2)$

(6) $5x^2+15x-50=5(x^2+3x-10)$
$=5(x-2)(x+5)$

2 (1) $ax^2-4ax-12a=a(x^2-4x-12)$
$=a(x+2)(x-6)$

(2) $-3ax^2+9ax+12a=-3a(x^2-3x-4)$
$=-3a(x+1)(x-4)$

(3) $4a^2+36ab+80b^2=4(a^2+9ab+20b^2)$
$=4(a+4b)(a+5b)$

(4) $x^2y+4xy^2-12y^3=y(x^2+4xy-12y^2)$
$=y(x-2y)(x+6y)$

(5) $a^3-13a^2b+12ab^2=a(a^2-13ab+12b^2)$
$=a(a-b)(a-12b)$

(6) $3a^3-33a^2b+54ab^2$
$=3a(a^2-11ab+18b^2)$
$=3a(a-2b)(a-9b)$

(7) $2xy^2z^2-10xyz-28x$
$=2x(y^2z^2-5yz-14)$
$=2x(yz+2)(yz-7)$

(8) $2x^3y+6x^2y^2+4xy^3$
$=2xy(x^2+3xy+2y^2)$
$=2xy(x+y)(x+2y)$

<table><tr><td>

29 P.60-61 | $(ax+b)(cx+d)$ を使って因数分解しよう！①

</td><td>

30 P.62-63 | $(ax+b)(cx+d)$ を使って因数分解しよう！②

</td></tr></table>

29 P.60-61 | $(ax+b)(cx+d)$ を使って因数分解しよう！①

1 (1) $(5x+3)(x+1)$　(2) $(7x+3)(x+2)$

(3) $(3x+7)(x-1)$　(4) $(2x+1)(x-3)$

(5) $(2a-1)(a-2)$　(6) $(3a-2)(a+3)$

2 (1) $(3x+y)(2x+5y)$

(2) $(2x-y)(2x+5y)$

(3) $(2a+3b)(5a-3b)$

(4) $(6a+b)(a+6b)$

(5) $(4x+y)(3x-4y)$

(6) $(2x-3y)(7x+5y)$

(7) $(2a-5b)(a-b)$

(8) $(3x-5y)(2x-3y)$

解き方

1 (1) $5x^2+8x+3$
$=(5x+3)(x+1)$

$$\begin{array}{ccc} 5 & \diagdown \diagup & 3 \cdots 3 \\ 1 & \diagup \diagdown & 1 \cdots 5 \\ \hline & & 8 \end{array}$$

(3) $3x^2+4x-7$
$=(3x+7)(x-1)$

$$\begin{array}{ccc} 3 & \diagdown \diagup & 7 \cdots 7 \\ 1 & \diagup \diagdown & -1 \cdots -3 \\ \hline & & 4 \end{array}$$

(5) $2a^2-5a+2$
$=(2a-1)(a-2)$

$$\begin{array}{ccc} 2 & \diagdown \diagup & -1 \cdots -1 \\ 1 & \diagup \diagdown & -2 \cdots -4 \\ \hline & & -5 \end{array}$$

(6) $3a^2+7a-6$
$=(3a-2)(a+3)$

$$\begin{array}{ccc} 3 & \diagdown \diagup & -2 \cdots -2 \\ 1 & \diagup \diagdown & 3 \cdots 9 \\ \hline & & 7 \end{array}$$

2 (1) $6x^2+17xy+5y^2$
$=(3x+y)(2x+5y)$

$$\begin{array}{ccc} 3 & \diagdown \diagup & y \cdots 2y \\ 2 & \diagup \diagdown & 5y \cdots 15y \\ \hline & & 17y \end{array}$$

(3) $10a^2+9ab-9b^2$
$=(2a+3b)(5a-3b)$

$$\begin{array}{ccc} 2 & \diagdown \diagup & 3b \cdots 15b \\ 5 & \diagup \diagdown & -3b \cdots -6b \\ \hline & & 9b \end{array}$$

(5) $12x^2-13xy-4y^2$
$=(4x+y)(3x-4y)$

$$\begin{array}{ccc} 4 & \diagdown \diagup & y \cdots 3y \\ 3 & \diagup \diagdown & -4y \cdots -16y \\ \hline & & -13y \end{array}$$

(6) $14x^2-11xy-15y^2$
$=(2x-3y)(7x+5y)$

$$\begin{array}{ccc} 2 & \diagdown \diagup & -3y \cdots -21y \\ 7 & \diagup \diagdown & 5y \cdots 10y \\ \hline & & -11y \end{array}$$

30 P.62-63 | $(ax+b)(cx+d)$ を使って因数分解しよう！②

1 (1) $3(3x+2)(x+1)$　(2) $2(2x-1)(x-4)$

(3) $5(3x+1)(x+3)$　(4) $3(6a+1)(2a-3)$

(5) $3(3x+2)(x-1)$　(6) $2(3a-2)(2a+3)$

2 (1) $3(2a+3b)(a-2b)$

(2) $2(4x-3y)(2x+y)$

(3) $5(3a-4b)(2a+3b)$

(4) $6(3xy-1)(2xy+1)$

(5) $3x(2x+1)(x-3)$

(6) $-2a(x+2)(6x-5)$

(7) $y(2x-11y)(3x+7y)$

(8) $2a(3a-b)(a-2b)$

解き方

1 (1) $9x^2+15x+6$
$=3(3x^2+5x+2)$
$=3(3x+2)(x+1)$

$$\begin{array}{ccc} 3 & \diagdown \diagup & 2 \cdots 2 \\ 1 & \diagup \diagdown & 1 \cdots 3 \\ \hline & & 5 \end{array}$$

(2) $4x^2-18x+8$
$=2(2x^2-9x+4)$
$=2(2x-1)(x-4)$

$$\begin{array}{ccc} 2 & \diagdown \diagup & -1 \cdots -1 \\ 1 & \diagup \diagdown & -4 \cdots -8 \\ \hline & & -9 \end{array}$$

(4) $36a^2-48a-9$
$=3(12a^2-16a-3)$
$=3(6a+1)(2a-3)$

$$\begin{array}{ccc} 6 & \diagdown \diagup & 1 \cdots 2 \\ 2 & \diagup \diagdown & -3 \cdots -18 \\ \hline & & -16 \end{array}$$

(6) $12a^2+10a-12$
$=2(6a^2+5a-6)$
$=2(3a-2)(2a+3)$

$$\begin{array}{ccc} 3 & \diagdown \diagup & -2 \cdots -4 \\ 2 & \diagup \diagdown & 3 \cdots 9 \\ \hline & & 5 \end{array}$$

2 (1) $6a^2-3ab-18b^2$
$=3(2a^2-ab-6b^2)$
$=3(2a+3b)(a-2b)$

$$\begin{array}{ccc} 2 & \diagdown \diagup & 3b \cdots 3b \\ 1 & \diagup \diagdown & -2b \cdots -4b \\ \hline & & -b \end{array}$$

(3) $30a^2+5ab-60b^2$
$=5(6a^2+ab-12b^2)$
$=5(3a-4b)(2a+3b)$

$$\begin{array}{ccc} 3 & \diagdown \diagup & -4b \cdots -8b \\ 2 & \diagup \diagdown & 3b \cdots 9b \\ \hline & & b \end{array}$$

(6) $-12ax^2-14ax+20a$
$=-2a(6x^2+7x-10)$
$=-2a(x+2)(6x-5)$

$$\begin{array}{ccc} 1 & \diagdown \diagup & 2 \cdots 12 \\ 6 & \diagup \diagdown & -5 \cdots -5 \\ \hline & & 7 \end{array}$$

(7) $6x^2y-19xy^2-77y^3$
$=y(6x^2-19xy-77y^2)$
$=y(2x-11y)(3x+7y)$

$$\begin{array}{ccc} 2 & \diagdown \diagup & -11y \cdots -33y \\ 3 & \diagup \diagdown & 7y \cdots 14y \\ \hline & & -19y \end{array}$$

1 (1) $(x+2)(x+8)$

(2) $(x-y-1)(x-y-2)$

(3) $(a+b+1)(a+b-5)$

(4) $(3x-3y+8)(4x-4y-3)$

(5) $(2a+2b-3)(4a+4b+5)$

(6) $(x+1)(x+2)(x-2)(x+5)$

2 (1) $(a^2+a-1)(a+2)(a-1)$

(2) $(x-1)(x-2)(x+1)(x-4)$

(3) $(x-1)(x+4)(x^2+3x+6)$

(4) $(a^2+8a+10)(a+2)(a+6)$

解き方

1 (4) $x-y=$ A とおくと、

与式 $=12A^2+23A-24$

$$\begin{array}{ccc} 3 & & 8 \cdots 32 \\ 4 & \diagdown & -3 \cdots -9 \\ \hline & & 23 \end{array}$$

$=(3A+8)(4A-3)$

$=\{3(x-y)+8\}\{4(x-y)-3\}$

$=(3x-3y+8)(4x-4y-3)$

(5) $a+b=$ A とおくと、

与式 $=8A^2-2A-15$

$$\begin{array}{ccc} 2 & & -3 \cdots -12 \\ 4 & \diagdown & 5 \cdots 10 \\ \hline & & -2 \end{array}$$

$=(2A-3)(4A+5)$

$=\{2(a+b)-3\}\{4(a+b)+5\}$

$=(2a+2b-3)(4a+4b+5)$

(6) $x^2+3x=$ A とおくと、

与式 $=A^2-8A-20=(A+2)(A-10)$

$=\{(x^2+3x)+2\}\{(x^2+3x)-10\}$

$=(x^2+3x+2)(x^2+3x-10)$

$=(x+1)(x+2)(x-2)(x+5)$

2 (1) $(a^2+a+2)(a^2+a-5)+12$

$=(A+2)(A-5)+12$ ← a^2+a を A とおく

$=A^2-3A-10+12=A^2-3A+2$

$=(A-1)(A-2)$

$=\{(a^2+a)-1\}\{(a^2+a)-2\}$

$=(a^2+a-1)(a^2+a-2)$

$=(a^2+a-1)(a+2)(a-1)$

(3) $x(x+3)(x+1)(x+2)-24$

$=(x^2+3x)(x^2+3x+2)-24$

$=A(A+2)-24$ ← x^2+3x を A とおく

$=A^2+2A-24=(A-4)(A+6)$

$=(x^2+3x-4)(x^2+3x+6)$

$=(x-1)(x+4)(x^2+3x+6)$

1 (1) $(y-1)(x+y)$　　(2) $(x+4)(y+x-3)$

(3) $(a-1)(ab-1)$　　(4) $(a-b)(c+a+b)$

(5) $(a+b)(a-b)(-c+b)$

(6) $(2a-c)(b+2a-c)$

2 (1) $(x-y+1)(x-y-2)$

(2) $(a-b+1)(a-b+2)$

(3) $(2x+y-3)(x-y-2)$

(4) $(x-4y+2)(x-y-1)$

解き方

1 (1) 与式 $=xy-x+y^2-y=(y-1)x+(y-1)y$

$=(y-1)(x+y)$

(2) x、y について次数はそれぞれ、2、1 であるから、次数の低い y について整理します。

与式 $=xy+4y+x^2+x-12$

$=(x+4)y+(x+4)(x-3)$

$=(x+4)(y+x-3)$

(3) a、b について次数はそれぞれ、2、1 であるから、次数の低い b について整理します。

与式 $=a^2b-ab-a+1=(a^2-a)b-a+1$

$=a(a-1)b-(a-1)$

$=(a-1)(ab-1)$

(4) a,b,c について次数はそれぞれ、2、2、1 であるから、次数の低い c について整理します。

与式 $=ac-bc+a^2-b^2$

$=(a-b)c+(a-b)(a+b)$

$=(a-b)(c+a+b)$

2 (1) x、y ともに次数は 2 であるから、例えば、x について整理します。

与式 $=x^2-2xy-x+y^2+y-2$

$=x^2-(2y+1)x+(y^2+y-2)$

$=x^2-(2y+1)x+(y-1)(y+2)$

$=\{x-(y-1)\}\{x-(y+2)\}$

$=(x-y+1)(x-y-2)$

(3) x、y ともに次数は 2 であるから、例えば、x について整理します。

与式 $=2x^2-xy-7x-y^2+y+6$

$=2x^2-(y+7)x-(y^2-y-6)$

$=2x^2-(y+7)x-(y+2)(y-3)$

$=\{2x+(y-3)\}\{x-(y+2)\}$

$=(2x+y-3)(x-y-2)$

1 (1) $(x-3)(x-6)$　(2) $(x-2)(x+8)$

　(3) $(x+6)(x-10)$　(4) $(x-4)(x-15)$

　(5) $3(x-3)(x+4)$　(6) $4(x+2y)(x-4y)$

2 (1) $(2x-3)(3x+5)$　(2) $(4x-5)(x-3)$

　(3) $(3a+2)(2a-3)$　(4) $(2a+b)(a-6b)$

3 (1) $6(2x-1)(x+1)$

　(2) $4(3x+2)(x-2)$

4 (1) $(x+5)(x-1)$

　(2) $x(x-1)(x^2-x-14)$

解き方

1 (1) $x^2-9x+18$

　　$=x^2+(-3-6)x+(-3)\cdot(-6)$

　　$=(x-3)(x-6)$

　(3) $x^2-4x-60=x^2+(6-10)x+6\cdot(-10)$

　　$=(x+6)(x-10)$

　(5) $3x^2+3x-36=3(x^2+x-12)$

　　$=3(x-3)(x+4)$

2 (1) $6x^2+x-15$

　　$=(2x-3)(3x+5)$

$$\begin{array}{ccc} 2 & \diagdown\diagup & -3 & \cdots & -9 \\ 3 & \diagup\diagdown & 5 & \cdots & 10 \\ \hline & & & & 1 \end{array}$$

　(4) $2a^2-11ab-6b^2$

　　$=(2a+b)(a-6b)$

$$\begin{array}{ccc} 2 & \diagdown\diagup & b & \cdots & b \\ 1 & \diagup\diagdown & -6b & \cdots & -12b \\ \hline & & & & -11b \end{array}$$

3 (1) $12x^2+6x-6$

　　$=6(2x^2+x-1)$

　　$=6(2x-1)(x+1)$

$$\begin{array}{ccc} 2 & \diagdown\diagup & -1 & \cdots & -1 \\ 1 & \diagup\diagdown & 1 & \cdots & 2 \\ \hline & & & & 1 \end{array}$$

4 (1) $x+3=A$ とおくと、

　　与式$=A^2-2A-8=(A+2)(A-4)$

　　　$=\{(x+3)+2\}\{(x+3)-4\}$

　　　$=(x+5)(x-1)$

　(2) $(x+1)(x+3)(x-4)(x-2)-24$

　　$=(x+1)(x-2)(x+3)(x-4)-24$

　　$=(x^2-x-2)(x^2-x-12)-24$

　　$=(x^2-x)^2-14(x^2-x)+24-24$

　　$=(x^2-x)^2-14(x^2-x)$

　　$=(x^2-x)(x^2-x-14)$

　　$=x(x-1)(x^2-x-14)$

1 (1) $(a+1)(a^2-a+1)$

　(2) $(x-2)(x^2+2x+4)$

　(3) $(a+4)(a^2-4a+16)$

　(4) $(1-x)(1+x+x^2)$

　(5) $(2a+3)(4a^2-6a+9)$

　(6) $(3x-4)(9x^2+12x+16)$

2 (1) $(a-3b)(a^2+3ab+9b^2)$

　(2) $(x+y)(x^2-xy+y^2)$

　(3) $(a+4b)(a^2-4ab+16b^2)$

　(4) $(x-5y)(x^2+5xy+25y^2)$

　(5) $(5a-2b)(25a^2+10ab+4b^2)$

　(6) $(4x+3y)(16x^2-12xy+9y^2)$

　(7) $(xy-1)(x^2y^2+xy+1)$

　(8) $(ab+c)(a^2b^2-abc+c^2)$

解き方

1 (1) $a^3+1=a^3+1^3$

　　$=(a+1)(a^2-a\cdot1+1^2)=(a+1)(a^2-a+1)$

　(4) $1-x^3=1^3-x^3=(1-x)(1^2+1\cdot x+x^2)$

　　$=(1-x)(1+x+x^2)$

　(5) $8a^3+27=(2a)^3+3^3$

　　$=(2a+3)\{(2a)^2-(2a)\cdot3+3^2\}$

　　$=(2a+3)(4a^2-6a+9)$

2 (1) $a^3-27b^3=a^3-(3b)^3$

　　$=(a-3b)\{a^2+a\cdot(3b)+(3b)^2\}$

　　$=(a-3b)(a^2+3ab+9b^2)$

　(2) $x^3+y^3=(x+y)(x^2-x\cdot y+y^2)$

　　$=(x+y)(x^2-xy+y^2)$

　(3) $a^3+64b^3=a^3+(4b)^3$

　　$=(a+4b)\{a^2-a\cdot(4b)+(4b)^2\}$

　　$=(a+4b)(a^2-4ab+16b^2)$

　(4) $x^3-125y^3=x^3-(5y)^3$

　　$=(x-5y)\{x^2+x\cdot(5y)+(5y)^2\}$

　　$=(x-5y)(x^2+5xy+25y^2)$

　(7) $x^3y^3-1=(xy)^3-1^3$

　　$=(xy-1)\{(xy)^2+(xy)\cdot1+1^2\}$

　　$=(xy-1)(x^2y^2+xy+1)$

　(8) $a^3b^3+c^3=(ab)^3+c^3$

　　$=(ab+c)\{(ab)^2-(ab)\cdot c+c^2\}$

　　$=(ab+c)(a^2b^2-abc+c^2)$

$(a+b)(a^2-ab+b^2)$、$(a-b)(a^2+ab+b^2)$
を使って因数分解しよう！②

1 (1) $2(a+3b)(a^2-3ab+9b^2)$

(2) $3(x-2y)(x^2+2xy+4y^2)$

(3) $4(a-b)(a^2+ab+b^2)$

(4) $2(4x+y)(16x^2-4xy+y^2)$

(5) $3(2a+3b)(4a^2-6ab+9b^2)$

(6) $2(5x-2y)(25x^2+10xy+4y^2)$

2 (1) $\dfrac{1}{2}\left(\dfrac{1}{2}x-y\right)\left(\dfrac{1}{4}x^2+\dfrac{1}{2}xy+y^2\right)$

(2) $a(5a-2b)(25a^2+10ab+4b^2)$

(3) $ab(7-ab)(49+7ab+a^2b^2)$

(4) $a^2b^2(a-b)(a^2+ab+b^2)$

(5) $2z^3(2xyz+1)(4x^2y^2z^2-2xyz+1)$

解き方

1 (4) $128x^3+2y^3=2(64x^3+y^3)=2\{(4x)^3+y^3\}$
$=2(4x+y)\{(4x)^2-(4x)\cdot y+y^2\}$
$=2(4x+y)(16x^2-4xy+y^2)$

(6) $250x^3-16y^3=2(125x^3-8y^3)$
$=2\{(5x)^3-(2y)^3\}$
$=2(5x-2y)\{(5x)^2+(5x)\cdot(2y)+(2y)^2\}$
$=2(5x-2y)(25x^2+10xy+4y^2)$

2 (1) $\dfrac{1}{16}x^3-\dfrac{1}{2}y^3=\dfrac{1}{2}\left(\dfrac{1}{8}x^3-y^3\right)$
$=\dfrac{1}{2}\left\{\left(\dfrac{1}{2}x\right)^3-y^3\right\}$
$=\dfrac{1}{2}\left(\dfrac{1}{2}x-y\right)\left\{\left(\dfrac{1}{2}x\right)^2+\left(\dfrac{1}{2}x\right)\cdot y+y^2\right\}$
$=\dfrac{1}{2}\left(\dfrac{1}{2}x-y\right)\left(\dfrac{1}{4}x^2+\dfrac{1}{2}xy+y^2\right)$

(2) $125a^4-8ab^3=a(125a^3-8b^3)$
$=a\{(5a)^3-(2b)^3\}$
$=a(5a-2b)\{(5a)^2+(5a)\cdot(2b)+(2b)^2\}$
$=a(5a-2b)(25a^2+10ab+4b^2)$

(3) $343ab-a^4b^4=ab(343-a^3b^3)$
$=ab\{7^3-(ab)^3\}$
$=ab(7-ab)\{7^2+7\cdot(ab)+(ab)^2\}$
$=ab(7-ab)(49+7ab+a^2b^2)$

(5) $16x^3y^3z^6+2z^3=2z^3(8x^3y^3z^3+1)$
$=2z^3\{(2xyz)^3+1^3\}$
$=2z^3(2xyz+1)\{(2xyz)^2-(2xyz)\cdot1+1^2\}$
$=2z^3(2xyz+1)(4x^2y^2z^2-2xyz+1)$

工夫して因数分解しよう！③

1 (1) $(x+3)(x-3)(x^2-2)$

(2) $(3a+2)(3a-2)(2a^2+1)$

(3) $2(a+4)(a-4)(a^2+1)$

(4) $(2x+1)(2x-1)(x+2)(x-2)$

(5) $2(x+5)(x-5)(x^2+2)$

(6) $3x(x+2)(x-2)(x^2+5)$

2 (1) $(x+1)(x^2-x+1)(x-1)(x^2+x+1)$

(2) $(2a+b)(4a^2-2ab+b^2)$
$\times(2a-b)(4a^2+2ab+b^2)$

(3) $(a+bc)(a^2-abc+b^2c^2)$
$\times(a-bc)(a^2+abc+b^2c^2)$

(4) $(x+2)(x^2-2x+4)(x^3-2)$

(5) $(x-3)(x^2+3x+9)(x+1)(x^2-x+1)$

解き方

1 (2) $a^2=$A とおくと、
与式$=18$A$^2+$A-4
$=(9$A$-4)(2$A$+1)$
$=(9a^2-4)(2a^2+1)$
$=(3a+2)(3a-2)(2a^2+1)$

$$\begin{array}{ccc}9 & \diagdown & -4 \cdots -8 \\ 2 & \diagup & 1 \cdots 9 \\ & & \overline{1}\end{array}$$

(4) $x^2=$A とおくと、
与式$=4$A$^2-17$A$+4=(4$A$-1)($A$-4)$
$=(4x^2-1)(x^2-4)$
$=(2x+1)(2x-1)(x+2)(x-2)$

2 (1) $x^6-1=(x^3)^2-1^2=(x^3+1)(x^3-1)$
$=(x+1)(x^2-x+1)(x-1)(x^2+x+1)$

(2) $64a^6-b^6=(8a^3)^2-(b^3)^2$
$=(8a^3+b^3)(8a^3-b^3)$
$=(2a+b)(4a^2-2ab+b^2)$
$\times(2a-b)(4a^2+2ab+b^2)$

(3) $a^6-b^6c^6=(a^3)^2-(b^3c^3)^2$
$=(a^3+b^3c^3)(a^3-b^3c^3)$
$=(a+bc)(a^2-abc+b^2c^2)$
$\times(a-bc)(a^2+abc+b^2c^2)$

(4) $x^6+6x^3-16=(x^3)^2+6x^3-16$
$=(x^3+8)(x^3-2)$
$=(x+2)(x^2-2x+4)(x^3-2)$

(5) $x^6-26x^3-27=(x^3)^2-26x^3-27$
$=(x^3-27)(x^3+1)$
$=(x-3)(x^2+3x+9)(x+1)(x^2-x+1)$

1 (1) $a(a^2-3ab+3b^2)$

(2) $(3x+y)(9x^2-12xy+7y^2)$

(3) $2b(3a^2+b^2)$

(4) $(4x+5y)(4x^2+10xy+13y^2)$

2 (1) $(x^2+x+2)(x^2-x+2)$

(2) $(a^2+2a+2)(a^2-2a+2)$

(3) $(x^2+2x+3)(x^2-2x+3)$

(4) $(a^2+3a+1)(a^2-3a+1)$

(5) $(a^2+ab+b^2)(a^2-ab+b^2)$

(6) $(x^2+4x+8)(x^2-4x+8)$

解き方

1 (1) $(a-b)^3+b^3$

$=\{(a-b)+b\}\{(a-b)^2-(a-b)\cdot b+b^2\}$

$=a(a^2-2ab+b^2-ab+b^2+b^2)$

$=a(a^2-3ab+3b^2)$

(2) $(3x-y)^3+8y^3=(3x-y)^3+(2y)^3$

$=\{(3x-y)+2y\}$

$\qquad \times\{(3x-y)^2-(3x-y)\cdot(2y)+(2y)^2\}$

$=(3x+y)(9x^2-6xy+y^2-6xy+2y^2+4y^2)$

$=(3x+y)(9x^2-12xy+7y^2)$

(3) $(a+b)^3-(a-b)^3$

$=\{(a+b)-(a-b)\}$

$\qquad \times\{(a+b)^2+(a+b)\cdot(a-b)+(a-b)^2\}$

$=2b(a^2+2ab+b^2+a^2-b^2+a^2-2ab+b^2)$

$=2b(3a^2+b^2)$

2 (1) $x^4+3x^2+4=(x^4+4x^2+4)-x^2$

$=(x^2+2)^2-x^2=(x^2+2+x)(x^2+2-x)$

$=(x^2+x+2)(x^2-x+2)$

(2) $a^4+4=(a^4+4a^2+4)-4a^2$

$=(a^2+2)^2-(2a)^2$

$=(a^2+2+2a)(a^2+2-2a)$

$=(a^2+2a+2)(a^2-2a+2)$

(4) $a^4-7a^2+1=(a^4+2a^2+1)-9a^2$

$=(a^2+1)^2-(3a)^2$

$=(a^2+1+3a)(a^2+1-3a)$

$=(a^2+3a+1)(a^2-3a+1)$

(5) $a^4+a^2b^2+b^4=(a^4+2a^2b^2+b^4)-a^2b^2$

$=(a^2+b^2)^2-(ab)^2$

$=(a^2+b^2+ab)(a^2+b^2-ab)$

$=(a^2+ab+b^2)(a^2-ab+b^2)$

1 (1) $(a-4)(a^2+4a+16)$

(2) $(x+1)(x^2-x+1)$

(3) $(ab+7)(a^2b^2-7ab+49)$

(4) $8(x-3y)(x^2+3xy+9y^2)$

(5) $2(a+4)(a^2-4a+16)$

(6) $3(x-3y)(x^2+3xy+9y^2)$

2 (1) $(a+2)(a^2-2a+4)(a-2)(a^2+2a+4)$

(2) $(2x^2-2x+1)(2x^2+2x+1)$

3 (1) $(x-1)(x+2)(x^4+2x^3+3x^2+2x+4)$

(2) $x(x^2+3xy+3y^2)$

(3) $(a-b)(7a^2+13ab+7b^2)$

(4) $(x+y)(3x+3y-1)$

$\qquad \times(9x^2+18xy+9y^2+3x+3y+1)$

解き方

1 (1) $a^3-64=a^3-4^3$

$=(a-4)(a^2+a\cdot4+4^2)$

$=(a-4)(a^2+4a+16)$

(3) $a^3b^3+343=(ab)^3+7^3$

$=(ab+7)\{(ab)^2-(ab)\cdot7+7^2\}$

$=(ab+7)(a^2b^2-7ab+49)$

(4) $8x^3-216y^3=8(x^3-27y^3)$

$=8\{x^3-(3y)^3\}$

$=8(x-3y)\{x^2+x\cdot(3y)+9y^2\}$

$=8(x-3y)(x^2+3xy+9y^2)$

2 (1) $a^6-64=(a^3)^2-8^2=(a^3+8)(a^3-8)$

$=(a^3+2^3)(a^3-2^3)$

$=(a+2)(a^2-2a+4)(a-2)(a^2+2a+4)$

3 (1) $(x^2+x)^3-8=(x^2+x)^3-2^3$

$=\{(x^2+x)-2\}\{(x^2+x)^2+2(x^2+x)+4\}$

$=(x^2+x-2)(x^4+2x^3+3x^2+2x+4)$

$=(x-1)(x+2)(x^4+2x^3+3x^2+2x+4)$

(3) $(2a+b)^3-(a+2b)^3$

$=\{(2a+b)-(a+2b)\}$

$\qquad \times\{(2a+b)^2+(2a+b)(a+2b)+(a+2b)^2\}$

$=(a-b)(4a^2+4ab+b^2+2a^2+5ab$

$\qquad\qquad +2b^2+a^2+4ab+4b^2)$

$=(a-b)(7a^2+13ab+7b^2)$

39 P.80-81 | 式の展開と因数分解のまとめ①

1 (1) $x^2+14x+49$　　(2) $4a^2-12a+9$

(3) $25x^2-16$　　(4) $9x^2-64y^2$

(5) $a^2-ab+\dfrac{1}{4}b^2$　　(6) $36x^2-60xy+25y^2$

(7) $a^2-8a+15$　　(8) $2x^2+7x+3$

(9) $4a^2-15ab-4b^2$　　(10) $12x^2-xy-6y^2$

2 (1) $(x-6)^2$　　(2) $(4p-1)^2$

(3) $3(a+b)^2$　　(4) $x(4+y)(4-y)$

(5) $3(a+5b)(a-5b)$　　(6) $(x-3)(x+5)$

(7) $(x+4y)(x-5y)$　　(8) $2(x+2)(x-12)$

(9) $(a+2b)(6a-5b)$　　(10) $(4xy-3)(xy+1)$

解き方

1 (2) $(2a-3)^2=(2a)^2-2\cdot(2a)\cdot3+3^2$
$\quad=4a^2-12a+9$

(4) $(3x+8y)(3x-8y)=(3x)^2-(8y)^2$
$\quad=9x^2-64y^2$

(5) $\left(a-\dfrac{1}{2}b\right)^2=a^2-2\cdot a\cdot\left(\dfrac{1}{2}b\right)+\left(\dfrac{1}{2}b\right)^2$
$\quad=a^2-ab+\dfrac{1}{4}b^2$

(7) $(a-5)(a-3)$
$\quad=a^2+(-5-3)a+(-5)\cdot(-3)$
$\quad=a^2-8a+15$

(8) $(2x+1)(x+3)$
$\quad=(2\cdot1)x^2+(2\cdot3+1\cdot1)x+1\cdot3$
$\quad=2x^2+7x+3$

2 (1) $x^2-12x+36=x^2-2\cdot x\cdot6+6^2=(x-6)^2$

(2) $16p^2-8p+1=(4p)^2-2\cdot(4p)\cdot1+1^2$
$\quad=(4p-1)^2$

(3) $3a^2+6ab+3b^2=3(a^2+2ab+b^2)$
$\quad=3(a+b)^2$

(4) $16x-xy^2=x(16-y^2)=x(4^2-y^2)$
$\quad=x(4+y)(4-y)$

(6) $x^2+2x-15=x^2+(-3+5)x+(-3)\cdot5$
$\quad=(x-3)(x+5)$

(8) $2x^2-20x-48=2(x^2-10x-24)$
$\quad=2\{x^2+(2-12)x+2\cdot(-12)\}$
$\quad=2(x+2)(x-12)$

(9) $6a^2+7ab-10b^2$
$\quad=(a+2b)(6a-5b)$

$$\begin{array}{ccc}1 & \diagdown & 2b \cdots 12b \\ 6 & \diagup & -5b \cdots -5b \\ \hline & & 7b\end{array}$$

40 P.82-83 | 式の展開と因数分解のまとめ②

1 (1) $-6ax+15ay$　　(2) $xy-6x-3y+18$

(3) $a^2+b^2+c^2-2ab-2bc+2ca$

(4) $a^2+2ab+b^2-c^2$

(5) $x^4+4x^3+2x^2-4x-3$

(6) $x^3+15x^2y+75xy^2+125y^3$

(7) a^3+27　　(8) a^3-8

(9) $16x^4-8x^2+1$

(10) $x^4-6x^3-7x^2+36x+36$

2 (1) $5(x-1)(x-10)$　　(2) $x(2x+1)(x-3)$

(3) $(x+y+2)(x+y-3)$

(4) $(2a+1)(2a-1)(3x+1)$

(5) $2b(a-2)(a^2+2a+4)$

(6) $(x-2)(x-6)(x^2-8x+10)$

(7) $(x-2y+3)(x+3y-2)$

(8) $(2a+b-1)(a-2b+1)$

(9) $(x+1)(x-1)(x+2)(x-2)$

(10) $(x^2+2x+5)(x^2-2x+5)$

解き方

1 (5) $(x^2+2x-3)(x^2+2x+1)$
$\quad=(x^2+2x)^2-2(x^2+2x)-3$
$\quad=x^4+4x^3+4x^2-2x^2-4x-3$
$\quad=x^4+4x^3+2x^2-4x-3$

(9) $(2x+1)^2(2x-1)^2=\{(2x+1)(2x-1)\}^2$
$\quad=(4x^2-1)^2=16x^4-8x^2+1$

(10) $(x+1)(x+2)(x-3)(x-6)$
$\quad=\{(x+1)(x-6)\}\{(x+2)(x-3)\}$
$\quad=(x^2-5x-6)(x^2-x-6)$
$\quad=(x^2-6-5x)(x^2-6-x)$
$\quad=(x^2-6)^2-6x(x^2-6)+5x^2$
$\quad=x^4-12x^2+36-6x^3+36x+5x^2$
$\quad=x^4-6x^3-7x^2+36x+36$

2 (4) $4a^2(3x+1)-(3x+1)=(4a^2-1)(3x+1)$
$\quad=(2a+1)(2a-1)(3x+1)$

(6) $(x-1)(x-3)(x-5)(x-7)+15$
$\quad=\{(x-1)(x-7)\}\{(x-3)(x-5)\}+15$
$\quad=(x^2-8x+7)(x^2-8x+15)+15$
$\quad=(x^2-8x)^2+22(x^2-8x)+120$
$\quad=(x^2-8x+12)(x^2-8x+10)$
$\quad=(x-2)(x-6)(x^2-8x+10)$

1 (1) ±15　　(2) ±0.9　　(3) $\pm\dfrac{7}{4}$

(4) ±1000

2 (1) $\pm\sqrt{5}$　　(2) $\pm\sqrt{123}$　　(3) $\pm\sqrt{0.4}$

(4) $\pm\sqrt{\dfrac{14}{5}}$

3 (1) 12　　(2) −14　　(3) 0.01

(4) 2

4 (1) $\sqrt{15}<4$　　　(2) $\sqrt{10}<3.2$

(3) $\sqrt{31}>5.5$　　(4) $\sqrt{0.05}>\dfrac{1}{5}$

5 (1) 33　　　(2) 20

6 13、14、15、16、17、18、19、20

解き方

1 (1) 225の平方根は、$15^2＝225$、
$(-15)^2＝225$ であるから、±15

(2) 0.81の平方根は、$0.9^2＝0.81$、
$(-0.9)^2＝0.81$ であるから、±0.9

(3) $\dfrac{49}{16}$ の平方根は、$\left(\dfrac{7}{4}\right)^2＝\dfrac{49}{16}$、

$\left(-\dfrac{7}{4}\right)^2＝\dfrac{49}{16}$ であるから、$\pm\dfrac{7}{4}$

2 $a>0$ のとき、a の平方根は、正と負の2つあ
り、正の方を $\sqrt{a}$、負の方を $-\sqrt{a}$ で表します。

3 (1) $\sqrt{144}＝\sqrt{12^2}＝12$

(2) $-\sqrt{196}＝-\sqrt{14^2}＝-14$

(3) $\sqrt{0.0001}＝\sqrt{0.01^2}＝0.01$

(4) $\sqrt{\dfrac{(-6)^2}{9}}＝\sqrt{\dfrac{36}{9}}＝\sqrt{4}＝2$

4 (1) $(\sqrt{15})^2＝15$、$4^2＝16$、$(\sqrt{15})^2<4^2$ であ
るから、$\sqrt{15}<4$
（別解）$4＝\sqrt{16}$、$15<16$ であるから、
$\sqrt{15}<\sqrt{16}$　　よって、$\sqrt{15}<4$

5 (1) $5.7<\sqrt{x}<6.2$ であるから、$5.7^2<x<6.2^2$
$5.7^2＝32.49$、$6.2^2＝38.44$ より、求め
る値は33です。

6 $3.6<\sqrt{x}<4.5$ であるから、$3.6^2<x<4.5^2$
$3.6^2＝12.96$、$4.5^2＝20.25$ より、求め
る値は13、14、15、16、17、18、19、20
です。

1 (1) 0.1125　　(2) $0.1\dot{2}\dot{3}$　　(3) $0.\dot{2}8571\dot{4}$

2 (1) $\sqrt{16}$、$-\dfrac{91}{13}$、0

(2) $\dfrac{1}{2}$、2.3、$\dfrac{231}{6}$、$-\dfrac{14}{35}$　　(3) $\sqrt{\dfrac{16}{49}}$、$\dfrac{5}{13}$

(4) π、$\sqrt{12}$、$\sqrt{45}$、$-\sqrt{10}$

3 (1) $\dfrac{7}{9}$　　(2) $\dfrac{7}{33}$　　(3) $\dfrac{24}{37}$　　(4) $\dfrac{556}{495}$

解き方

1 (2) $\dfrac{41}{333}＝0.123123123\cdots＝0.\dot{1}2\dot{3}$

(3) $\dfrac{2}{7}＝0.285714285714\cdots＝0.\dot{2}8571\dot{4}$

2 $\dfrac{1}{2}＝0.5$（有限小数）、$\sqrt{16}＝4$（整数）、

2.3（有限小数）、π（無理数）、

$\sqrt{12}＝2\sqrt{3}$（無理数）、

$\sqrt{\dfrac{16}{49}}＝\dfrac{4}{7}＝0.\dot{5}7142\dot{8}$（循環小数）、

$-\dfrac{91}{13}＝-7$（整数）、$\sqrt{45}＝3\sqrt{5}$（無理数）、

$\dfrac{231}{6}＝38.5$（有限小数）、

$-\sqrt{10}$（無理数）、0（整数）、

$-\dfrac{14}{35}＝-0.4$（有限小数）、

$\dfrac{5}{13}＝0.\dot{3}8461\dot{5}$（循環小数）

3 (1) $x＝0.\dot{7}$ とおく。

$\quad 10x＝7.7777777\cdots$

$\quad\underline{-)\quad x＝0.7777777\cdots}$

$\quad\quad 9x＝7$

よって、$x＝\dfrac{7}{9}$

(4) $x＝0.1\dot{2}\dot{3}$ とおく。

$\quad 1000x＝123.23232323\cdots$

$\quad\underline{-)\quad 10x＝\quad 1.23232323\cdots}$

$\quad\quad 990x＝122$

よって、$x＝\dfrac{122}{990}＝\dfrac{61}{495}$

したがって、$1.1\dot{2}\dot{3}＝1+\dfrac{61}{495}＝\dfrac{556}{495}$

1 (1) 4と−4

(2) 整数…−4、−3、−2、−1、0、1、2、3、4

自然数…1、2、3、4

(3) 整数…−3、−2、−1、0、1、2、3

自然数…1、2、3

2 (1) 9　　　(2) $\dfrac{4}{3}$　　　(3) $-3+\pi$

(4) $-\sqrt{5}+3$

3 (1) 7　　(2) 2　　(3) 5

4 (1) 9　　(2) 5　　(3) 3　　(4) 11

解き方

1 (1) $a>0$ のとき、$|x|=a$ となる数は2つあり、a と $-a$ です。

(2) 絶対値が4以下の整数に、4と−4は含むことに注意しましょう。また、0は自然数ではなく、整数であることにも注意しましょう。

(3) 絶対値が4より小さい整数に、4と−4は含まないことに注意しましょう。また、絶対値が4より小さい自然数に、4は含まないことに注意しましょう。

2 $a>0$ のとき、$|a|=a$、$|-a|=a$ となることに注意しましょう。絶対値はその数から符号を取り去ったものと考えてもよいです。

(3) $\pi=3.14\cdots$ なので、$3-\pi<0$

よって、$|3-\pi|=-(3-\pi)=-3+\pi$

(4) $4<5<9$ より、$2<\sqrt{5}<3$ なので、$\sqrt{5}-3<0$

$|\sqrt{5}-3|=-(\sqrt{5}-3)=-\sqrt{5}+3$

3 2点 a、b 間の距離は、$|b-a|$ で求められます。

(1) $|10-3|=7$

(2) $|-5-(-3)|=|-5+3|=|-2|=2$

(3) $|-4-1|=|-5|=5$

4 (1) $P=|3\cdot(-1)-2|+|3-(-1)|$

$=|-5|+|4|=5+4=9$

(2) $P=|3\cdot0-2|+|3-0|$

$=|-2|+|3|=2+3=5$

(3) $P=|3\cdot1-2|+|3-1|$

$=|1|+|2|=1+2=3$

(4) $P=|3\cdot4-2|+|3-4|$

$=|10|+|-1|=10+1=11$

1 i と $-i$

2 (1) 実部…−5、虚部…3

(2) 実部…$-\dfrac{1}{3}$、虚部…$\dfrac{1}{2}$

(3) 実部…2、虚部…4

(4) 実部…0、虚部…−7

3 (1) $x=4$、$y=-2$　　(2) $x=\dfrac{1}{2}$、$y=-3$

(3) $x=-4$、$y=2$　　(4) $x=2$、$y=-2$

(5) $x=-\dfrac{4}{3}$、$y=-\dfrac{23}{3}$

(6) $x=1$、$y=-2$

解き方

2 (1) 虚部は $3i$ ではなく3です。注意しましょう。

(2) $\dfrac{3i-2}{6}=-\dfrac{1}{3}+\dfrac{1}{2}i$ です。

(3) $i^2+4i+3=-1+4i+3=2+4i$ です。

(4) $-7i=0-7i$ です。

3 (1) 左辺を $a+bi$ の形に変形すると、

$(x-4)+(-2-y)i=0$

$x-4$、$-2-y$ は実数であるから、

$x-4=0$ …①、$-2-y=0$ …②

①、②より、$x=4$、$y=-2$

(3) 左辺を $a+bi$ の形に変形すると、

$(x+4)+(x+2y)i=0$

$x+4$、$x+2y$ は実数であるから、

$x+4=0$ …①、$x+2y=0$ …②

①、②より、$x=-4$、$y=2$

(5) 左辺を $a+bi$ の形に変形すると、

$(2x-y-5)+(3x+4)i=0$

$2x-y-5$、$3x+4$ は実数であるから、

$2x-y-5=0$ …①、$3x+4=0$ …②

①、②より、$x=-\dfrac{4}{3}$、$y=-\dfrac{23}{3}$

(6) 左辺を $a+bi$ の形に変形すると、

$(x+2y+3)+(3x+y-1)i=0$

$x+2y+3$、$3x+y-1$ は実数であるから、

$x+2y+3=0$ …①、$3x+y-1=0$ …②

①、②より、$x=1$、$y=-2$

45

1 (1) $1+8i$　　(2) $8i$

(3) $8+10i$　　(4) $-1+4i$

2 (1) $5+5i$　　(2) $-3-4i$

(3) $-23+2i$　　(4) $-243i$

(5) $-2+2i$　　(6) 20

3 $2\sqrt{3}-2\sqrt{3}\,i$、$-2\sqrt{3}+2\sqrt{3}\,i$

解き方

1 (2) $(5+4i)-(5-4i)=5+4i-5+4i$

$=(5-5)+(4+4)i=8i$

(3) $4(3+2i)+2(i-2)=12+8i+2i-4$

$=(12-4)+(8+2)i=8+10i$

(4) $3(1-2i)-2(2-5i)=3-6i-4+10i$

$=(3-4)+(-6+10)i=-1+4i$

2 (1) $(1+2i)(3-i)=3-i+6i-2i^2$

$=3-i+6i+2=5+5i$

(2) $(1-2i)^2=1-4i+4i^2$

$=1-4i-4=-3-4i$

(4) $(-3i)^5=(-3i)^2(-3i)^2\cdot(-3i)$

$=9i^2\cdot9i^2\cdot(-3i)$

$=(-9)\cdot(-9)\cdot(-3i)=-243i$

(5) $(1+i)^3=1^3+3\cdot1^2\cdot i+3\cdot1\cdot i^2+i^3$

$=1+3i+3i^2+i^3=1+3i+3\cdot(-1)+i^2\cdot i$

$=1+3i-3-i=-2+2i$

(6) $(i-3)(i-1)(i+1)(i+3)$

$=(i-3)(i+3)(i-1)(i+1)$

$=(i^2-9)(i^2-1)=(-10)\cdot(-2)=20$

3 左辺を展開すると、$x^2+2xyi+y^2i^2=-24i$

これを整理すると、$x^2-y^2+2xyi=-24i$

x^2-y^2、$2xy$ は実数であるから、

$x^2-y^2=0$ …①

$2xy=-24$、$xy=-12$ …②

①より、$(x+y)(x-y)=0$

$x=-y$ または $x=y$

$x=y$ のとき、②より、$y^2=-12$

この式は成り立たないので適さない。

$x=-y$ のとき、②より、$y^2=12$

よって、$y=2\sqrt{3}$、$-2\sqrt{3}$

$y=2\sqrt{3}$ のとき $x=-2\sqrt{3}$

$y=-2\sqrt{3}$ のとき $x=2\sqrt{3}$

したがって、$2\sqrt{3}-2\sqrt{3}\,i$、$-2\sqrt{3}+2\sqrt{3}\,i$

46

1 (1) $4-3i$　　(2) $-2+5i$

(3) $2i$　　(4) 5

(5) $\dfrac{-3i+5}{2}$　　(6) $-2i$

2 (1) $\dfrac{-1+i}{2}$　　(2) $\dfrac{3-4i}{5}$　　(3) $\dfrac{1-5i}{2}$

(4) i　　(5) $-i$　　(6) $1+2i$

(7) $\dfrac{-7-i}{2}$　　(8) $\dfrac{-7+24i}{25}$

解き方

1 (3) $-2i$ は $0-2i$ と考えます。

(4) 5は$5+0i$と考えます。

(6) $(1+i)^2=1^2+2i+i^2=1+2i-1=2i$

2 (1) $\dfrac{i}{1-i}=\dfrac{i(1+i)}{(1-i)(1+i)}=\dfrac{i+i^2}{1-i^2}=\dfrac{-1+i}{2}$

(2) $\dfrac{5}{3+4i}=\dfrac{5(3-4i)}{(3+4i)(3-4i)}=\dfrac{15-20i}{9-16i^2}$

$=\dfrac{15-20i}{25}=\dfrac{3-4i}{5}$

(3) $\dfrac{11-16i}{7+3i}=\dfrac{(11-16i)(7-3i)}{(7+3i)(7-3i)}$

$=\dfrac{77-33i-112i+48i^2}{49-9i^2}$

$=\dfrac{29-145i}{58}=\dfrac{1-5i}{2}$

(4) $\dfrac{-3+2i}{2+3i}=\dfrac{(-3+2i)(2-3i)}{(2+3i)(2-3i)}$

$=\dfrac{-6+9i+4i-6i^2}{4-9i^2}=\dfrac{13i}{13}=i$

(5) $\dfrac{1-i}{1+i}=\dfrac{(1-i)^2}{(1+i)(1-i)}=\dfrac{1-2i+i^2}{1-i^2}$

$=\dfrac{-2i}{2}=-i$

(7) $\dfrac{(1-2i)^2}{1+i}=\dfrac{1-4i+4i^2}{1+i}=\dfrac{-3-4i}{1+i}$

$=\dfrac{(-3-4i)(1-i)}{(1+i)(1-i)}=\dfrac{-3+3i-4i+4i^2}{1-i^2}$

$=\dfrac{-7-i}{2}$

(8) $\dfrac{2+i}{2-i}=\dfrac{(2+i)^2}{(2-i)(2+i)}=\dfrac{4+4i+i^2}{4-i^2}=\dfrac{3+4i}{5}$

$\left(\dfrac{2+i}{2-i}\right)^2=\left(\dfrac{3+4i}{5}\right)^2=\dfrac{9+24i+16i^2}{25}$

$=\dfrac{-7+24i}{25}$

47 P.98-99 確認問題⑦

1 (1) 0.6　　　　(2) −5

　(3) 4a　　　　(4) −2.1

2 (1) $\frac{5}{2} > \sqrt{5}$　　　(2) $-\sqrt{150} < -12$

3 (1) $\sqrt{441}$　　　(2) $\sqrt{\frac{4}{25}}$、$-\frac{3}{24}$

　(3) $\frac{4}{33}$　　(4) $-\sqrt{8}$、$\sqrt{\frac{\pi}{3.1415}}$、$\sqrt{\pi^2}$

4 (1) $\frac{56}{99}$　　　　(2) $\frac{452}{333}$

5 (1) −5　　　　(2) $-\frac{1}{2}$

6 (1) $x=-1$、$y=5$　　(2) $x=\frac{1}{2}$、$y=-\frac{7}{2}$

7 (1) $\frac{3+3i}{2}$　　　(2) $\frac{-6+17i}{25}$

解き方

1 (1) $\sqrt{0.36} = \sqrt{0.6^2} = 0.6$

2 (1) $\left(\frac{5}{2}\right)^2 = \frac{25}{4} = 6.25$、$(\sqrt{5})^2 = 5$、

　　　$\left(\frac{5}{2}\right)^2 > (\sqrt{5})^2$ であるから、$\frac{5}{2} > \sqrt{5}$

4 (2) $x = 0.\dot{3}5\dot{7}$ とおく。

　　　　$1000x = 357.357357357\cdots$

　　$-)$　　　$x = \quad 0.357357357\cdots$

　　　$999x = 357$

　　よって、$x = \frac{357}{999} = \frac{119}{333}$

　　したがって、$1.\dot{3}5\dot{7} = 1 + \frac{119}{333} = \frac{452}{333}$

5 (2) $P = \left|\frac{1}{2}+2\right| - 2\left|\frac{1}{2}-2\right| = \left|\frac{5}{2}\right| - 2\left|-\frac{3}{2}\right|$

　　　$= \frac{5}{2} - 2\cdot\frac{3}{2} = -\frac{1}{2}$

6 (2) 左辺を $a+bi$ の形に変形すると、

　　　$(x-y-4)+(x+y+3)i=0$

　　　$x-y-4$、$x+y+3$ は実数であるから、

　　　$x-y-4=0\cdots$①、$x+y+3=0\cdots$②

　　　①、②より、$x=\frac{1}{2}$、$y=-\frac{7}{2}$

7 (1) $\frac{3i}{1+i} = \frac{3i(1-i)}{(1+i)(1-i)} = \frac{3i-3i^2}{1-i^2}$

　　　$= \frac{3i-3\cdot(-1)}{1+1} = \frac{3+3i}{2}$

48 P.100-101 根号を含む式を変形しよう！

1 (1) $2\sqrt{10}$　　　(2) $\frac{\sqrt{3}}{7}$

　(3) $10\sqrt{5}$　　　(4) $\frac{\sqrt{3}}{10}$

2 (1) $6\sqrt{5}$　　　(2) $15\sqrt{3}$

　(3) $14\sqrt{2}$　　　(4) $6\sqrt{21}$

3 (1) $\sqrt{48}$　　　(2) $\sqrt{192}$

　(3) $\sqrt{5}$　　　(4) $\sqrt{\frac{2}{5}}$

4 (1) $x=3$　　　(2) $x=15$

　(3) $x=15$　　　(4) $x=1$

解き方

1 (1) $\sqrt{40} = \sqrt{2^2\cdot10} = 2\sqrt{10}$

　(2) $\sqrt{\frac{3}{49}} = \sqrt{\frac{3}{7^2}} = \frac{\sqrt{3}}{7}$

　(3) $\sqrt{500} = \sqrt{10^2\cdot5} = 10\sqrt{5}$

　(4) $\sqrt{0.03} = \sqrt{\frac{3}{100}} = \sqrt{\frac{3}{10^2}} = \frac{\sqrt{3}}{10}$

2 (1) 根号の中の数を素因数分解して、

　　　$\sqrt{180} = \sqrt{2^2\cdot3^2\cdot5}$

　　　　　　$= 2\cdot3\sqrt{5}$

　　　　　　$= 6\sqrt{5}$

```
2)180
2) 90
3) 45
3) 15
    5
```

　(2) 根号の中の数を素因数分解して、

　　　$\sqrt{675} = \sqrt{3^2\cdot5^2\cdot3} = 3\cdot5\sqrt{3} = 15\sqrt{3}$

3 (1) $4\sqrt{3} = \sqrt{4^2\cdot3} = \sqrt{48}$

　(3) $\frac{\sqrt{20}}{2} = \frac{\sqrt{20}}{\sqrt{2^2}} = \frac{\sqrt{20}}{\sqrt{4}} = \sqrt{\frac{20}{4}} = \sqrt{5}$

4 (1) $\sqrt{48x} = \sqrt{4^2\cdot3x}$ より、与式の値が整数

　　　となる最小の正の整数 x は、$x=3$

　(3) $\sqrt{\frac{6615}{x}} = \sqrt{\frac{3^2\cdot7^2\cdot3\cdot5}{x}}$ より、与式の値

　　　が整数となる最小の正の整数 x は、

　　　$x=3\cdot5=15$

49 P.102-103　根号を含む式の掛け算と割り算をしよう！

1 (1) $\sqrt{15}$　　　　(2) 6

(3) $\sqrt{5}$　　　　(4) 2

2 (1) $5\sqrt{2}$　　　　(2) $-4\sqrt{15}$

(3) $50\sqrt{3}$　　　(4) $18\sqrt{6}$

(5) 8　　　　　　(6) $\sqrt{2}$

(7) $9\sqrt{2}$　　　　(8) 2

3 (1) $\sqrt{30}$　　　　(2) $3\sqrt{3}$

(3) -5　　　　(4) 3

(5) $2\sqrt{6}$　　　(6) $\dfrac{2\sqrt{3}}{3}$

(7) 27　　　　　(8) $\dfrac{3}{2}$

解き方

1 (1) $\sqrt{5}\times\sqrt{3}=\sqrt{5\cdot3}=\sqrt{15}$

(3) $\dfrac{\sqrt{10}}{\sqrt{2}}=\sqrt{\dfrac{10}{2}}=\sqrt{5}$

2 (1) $\sqrt{10}\times\sqrt{5}=\sqrt{5\cdot2}\times\sqrt{5}=\sqrt{5^2\cdot2}=5\sqrt{2}$

(3) $2\sqrt{15}\times\sqrt{125}=2\sqrt{3\cdot5}\times\sqrt{5^2\cdot5}$
　　$=2\sqrt{3\cdot5^4}=2\cdot5^2\sqrt{3}=50\sqrt{3}$

(5) $\sqrt{192}\div\sqrt{3}=\sqrt{\dfrac{192}{3}}=\sqrt{64}=\sqrt{8^2}=8$

(6) $4\sqrt{24}\div8\sqrt{3}=4\sqrt{2^3\cdot3}\div8\sqrt{3}$
　　$=4\cdot2\sqrt{2\cdot3}\div8\sqrt{3}=\dfrac{4\cdot2\sqrt{2\cdot3}}{8\sqrt{3}}=\sqrt{2}$

3 (1) $\sqrt{2}\times\sqrt{3}\times\sqrt{5}=\sqrt{2\cdot3\cdot5}=\sqrt{30}$

(2) $\sqrt{180}\div2\sqrt{5}\times\sqrt{3}=\dfrac{6\sqrt{5}\times\sqrt{3}}{2\sqrt{5}}$
　　$=3\times\sqrt{3}=3\sqrt{3}$

(3) $(-2\sqrt{15})\times\sqrt{5}\div2\sqrt{3}$
　　$=(-2\sqrt{15})\times\dfrac{\sqrt{5}}{2\sqrt{3}}$
　　$=-\sqrt{5}\times\sqrt{5}=-5$

(6) $\sqrt{8}\times\sqrt{6}\div\sqrt{12}\div\sqrt{3}=\dfrac{\sqrt{8}\times\sqrt{6}}{\sqrt{12}\times\sqrt{3}}$
　　$=\dfrac{2\sqrt{2}\times\sqrt{6}}{2\sqrt{3}\times\sqrt{3}}=\dfrac{2\times2\sqrt{3}}{2\times3}=\dfrac{2\sqrt{3}}{3}$

(7) $3\sqrt{24}\div2\sqrt{2}\times\sqrt{27}=\dfrac{3\sqrt{24}\times\sqrt{27}}{2\sqrt{2}}$
　　$=\dfrac{3\cdot2\sqrt{6}\times3\sqrt{3}}{2\sqrt{2}}$
　　$=3\sqrt{3}\times3\sqrt{3}=27$

50 P.104-105　根号を含む式の足し算と引き算をしよう！

1 (1) $8\sqrt{2}$　　　　(2) $4\sqrt{3}$

(3) $5\sqrt{3}$　　　　(4) $2\sqrt{2}$

(5) $19\sqrt{2}$　　　(6) 0

(7) $13\sqrt{5}$　　　(8) $9\sqrt{3}$

(9) $5\sqrt{2}$　　　(10) $-\sqrt{6}$

2 (1) $2\sqrt{3}+3\sqrt{2}$　　(2) $\sqrt{3}-3\sqrt{2}$

(3) $2\sqrt{15}-3\sqrt{5}$　(4) $3\sqrt{2}-2\sqrt{3}$

(5) $\sqrt{6}-\sqrt{2}+2\sqrt{3}$

(6) $-3\sqrt{7}+7\sqrt{2}-7\sqrt{3}$

(7) $\dfrac{25-4\sqrt{2}}{2}$　　　(8) $-2+2\sqrt{2}$

解き方

1 (3) $\sqrt{12}+\sqrt{27}=\sqrt{2^2\cdot3}+\sqrt{3^2\cdot3}$
　　$=2\sqrt{3}+3\sqrt{3}=(2+3)\sqrt{3}=5\sqrt{3}$

(4) $\sqrt{98}-\sqrt{50}=\sqrt{7^2\cdot2}-\sqrt{5^2\cdot2}$
　　$=7\sqrt{2}-5\sqrt{2}=(7-5)\sqrt{2}=2\sqrt{2}$

(5) $3\sqrt{18}+2\sqrt{50}=3\sqrt{3^2\cdot2}+2\sqrt{5^2\cdot2}$
　　$=3\cdot3\sqrt{2}+2\cdot5\sqrt{2}=9\sqrt{2}+10\sqrt{2}=19\sqrt{2}$

(7) $6\sqrt{20}+\sqrt{45}-2\sqrt{5}$
　　$=6\sqrt{2^2\cdot5}+\sqrt{3^2\cdot5}-2\sqrt{5}$
　　$=6\cdot2\sqrt{5}+3\sqrt{5}-2\sqrt{5}$
　　$=12\sqrt{5}+3\sqrt{5}-2\sqrt{5}=13\sqrt{5}$

(9) $-\sqrt{32}+4\sqrt{2}+\sqrt{50}$
　　$=-\sqrt{4^2\cdot2}+4\sqrt{2}+\sqrt{5^2\cdot2}$
　　$=-4\sqrt{2}+4\sqrt{2}+5\sqrt{2}=5\sqrt{2}$

2 (1) $\sqrt{2}(\sqrt{6}+3)=\sqrt{2}\times\sqrt{6}+\sqrt{2}\times3$
　　$=\sqrt{12}+3\sqrt{2}=2\sqrt{3}+3\sqrt{2}$

(3) $\sqrt{5}(2\sqrt{3}-3)=\sqrt{5}\times2\sqrt{3}-\sqrt{5}\times3$
　　$=2\sqrt{15}-3\sqrt{5}$

(4) $\sqrt{6}(\sqrt{3}-\sqrt{2})=\sqrt{6}\times\sqrt{3}-\sqrt{6}\times\sqrt{2}$
　　$=\sqrt{18}-\sqrt{12}=3\sqrt{2}-2\sqrt{3}$

(5) $\sqrt{2}(\sqrt{3}-1+\sqrt{6})$
　　$=\sqrt{2}\times\sqrt{3}-\sqrt{2}\times1+\sqrt{2}\times\sqrt{6}$
　　$=\sqrt{6}-\sqrt{2}+\sqrt{12}=\sqrt{6}-\sqrt{2}+2\sqrt{3}$

(8) $(\sqrt{20}+\sqrt{40}-\sqrt{80})\div\sqrt{5}$
　　$=(2\sqrt{5}+2\sqrt{10}-4\sqrt{5})\times\dfrac{1}{\sqrt{5}}$
　　$=2\sqrt{5}\times\dfrac{1}{\sqrt{5}}+2\sqrt{10}\times\dfrac{1}{\sqrt{5}}-4\sqrt{5}\times\dfrac{1}{\sqrt{5}}$
　　$=2+2\sqrt{2}-4=-2+2\sqrt{2}$

1 (1) $7+4\sqrt{3}$ (2) $32-10\sqrt{7}$
(3) $13-4\sqrt{3}$ (4) $15+4\sqrt{14}$
(5) $8-4\sqrt{3}$ (6) 11
(7) 3 (8) 2

2 (1) $\sqrt{6}+2\sqrt{2}+2\sqrt{3}+4$
(2) $3\sqrt{2}-\sqrt{6}+2\sqrt{3}-2$
(3) $-2-2\sqrt{6}$ (4) $10-7\sqrt{2}$
(5) $\sqrt{5}$
(6) $6\sqrt{2}+2\sqrt{3}+6\sqrt{6}+6$
(7) $21-11\sqrt{6}$ (8) $6-9\sqrt{6}$
(9) $4+2\sqrt{6}-\sqrt{3}$ (10) $3+2\sqrt{10}+\sqrt{2}$

解き方

1 (1) $(2+\sqrt{3})^2=2^2+2\cdot2\cdot\sqrt{3}+(\sqrt{3})^2$
$=4+4\sqrt{3}+3=7+4\sqrt{3}$
(3) $(2\sqrt{3}-1)^2=(2\sqrt{3})^2-2\cdot2\sqrt{3}\cdot1+1^2$
$=12-4\sqrt{3}+1=13-4\sqrt{3}$
(6) $(4+\sqrt{5})(4-\sqrt{5})$
$=4^2-(\sqrt{5})^2=16-5=11$
(8) $(\sqrt{5}+\sqrt{3})(\sqrt{5}-\sqrt{3})$
$=(\sqrt{5})^2-(\sqrt{3})^2=5-3=2$

2 (3) $(\sqrt{6}+2)(\sqrt{6}-4)$
$=(\sqrt{6})^2+(2-4)\sqrt{6}-8$
$=6-2\sqrt{6}-8=-2-2\sqrt{6}$
(4) $(\sqrt{2}-2)(2\sqrt{2}-3)$
$=2(\sqrt{2})^2+(-3-4)\sqrt{2}+6$
$=4-7\sqrt{2}+6=10-7\sqrt{2}$
(5) $(\sqrt{15}-\sqrt{10})(\sqrt{3}+\sqrt{2})$
$=\sqrt{3^2\cdot5}+\sqrt{30}-\sqrt{30}-\sqrt{2^2\cdot5}$
$=3\sqrt{5}+\sqrt{30}-\sqrt{30}-2\sqrt{5}=\sqrt{5}$
(7) $(\sqrt{3}-3\sqrt{2})(\sqrt{27}-\sqrt{8})$
$=(\sqrt{3}-3\sqrt{2})(3\sqrt{3}-2\sqrt{2})$
$=3(\sqrt{3})^2+(-2-9)\sqrt{3}\sqrt{2}+6(\sqrt{2})^2$
$=9-11\sqrt{6}+12=21-11\sqrt{6}$
(8) $(3\sqrt{2}+\sqrt{3})(3\sqrt{2}-4\sqrt{3})$
$=(3\sqrt{2})^2+(-12+3)\sqrt{2}\sqrt{3}-4(\sqrt{3})^2$
$=18-9\sqrt{6}-12=6-9\sqrt{6}$
(9) $(\sqrt{3}+\sqrt{2})^2-(\sqrt{3}-1)(\sqrt{3}+2)$
$=(3+2\sqrt{6}+2)-(3+2\sqrt{3}-\sqrt{3}-2)$
$=3+2\sqrt{6}+2-3-2\sqrt{3}+\sqrt{3}+2$
$=4+2\sqrt{6}-\sqrt{3}$

1 (1) $\pm\sqrt{5}\,i$ (2) $\pm\sqrt{17}\,i$
2 (1) $\sqrt{6}\,i$ (2) $3i$
(3) $2\sqrt{3}\,i$ (4) $5\sqrt{2}\,i$
3 (1) $3i$ (2) $\sqrt{3}-2+7i$
(3) $-4\sqrt{6}$ (4) -48
(5) $-\sqrt{3}\,i$ (6) 3
(7) $11+2\sqrt{3}\,i$ (8) $27-38i$

解き方

1 (1) $\pm\sqrt{-5}=\pm\sqrt{5}\,i$
(2) $\pm\sqrt{-17}=\pm\sqrt{17}\,i$

2 $a>0$ のとき、$\sqrt{-a}=\sqrt{a}\,i$ であることを使って求めるよ。
(2) $\sqrt{-9}=\sqrt{9}\,i=3i$
(3) $\sqrt{-12}=\sqrt{12}\,i=2\sqrt{3}\,i$
(4) $\sqrt{-50}=\sqrt{50}\,i=5\sqrt{2}\,i$

3 (1) $\sqrt{-49}-\sqrt{-16}=\sqrt{49}\,i-\sqrt{16}\,i$
$=7i-4i=3i$
(2) $(\sqrt{-4}+\sqrt{3})-(2-\sqrt{-25})$
$=(\sqrt{4}\,i+\sqrt{3})-(2-\sqrt{25}\,i)$
$=(2i+\sqrt{3})-(2-5i)=2i+\sqrt{3}-2+5i$
$=\sqrt{3}-2+7i$
(3) $\sqrt{-12}\times\sqrt{-8}=\sqrt{12}\,i\times\sqrt{8}\,i$
$=2\sqrt{3}\,i\times2\sqrt{2}\,i=4\sqrt{6}\,i^2=-4\sqrt{6}$
(4) $\sqrt{-72}\times\sqrt{-32}=\sqrt{72}\,i\times\sqrt{32}\,i$
$=6\sqrt{2}\,i\times4\sqrt{2}\,i=24(\sqrt{2})^2i^2=-48$
(5) $\dfrac{\sqrt{48}}{\sqrt{-16}}=\dfrac{\sqrt{48}}{\sqrt{16}\,i}=\dfrac{4\sqrt{3}}{4i}=\dfrac{\sqrt{3}}{i}=\dfrac{\sqrt{3}\,i}{i^2}$
$=\dfrac{\sqrt{3}\,i}{-1}=-\sqrt{3}\,i$
(6) $\dfrac{\sqrt{-27}}{\sqrt{-3}}=\dfrac{\sqrt{27}\,i}{\sqrt{3}\,i}=\dfrac{3\sqrt{3}\,i}{\sqrt{3}\,i}=3$
(7) $(\sqrt{-3}+2)(4-\sqrt{-3})$
$=(\sqrt{3}\,i+2)(4-\sqrt{3}\,i)$
$=4\sqrt{3}\,i-3i^2+8-2\sqrt{3}\,i$
$=4\sqrt{3}\,i+3+8-2\sqrt{3}\,i=11+2\sqrt{3}\,i$
(8) $(7-\sqrt{-4})(5-\sqrt{-16})$
$=(7-\sqrt{4}\,i)(5-\sqrt{16}\,i)$
$=(7-2i)(5-4i)=35-28i-10i+8i^2$
$=35-28i-10i-8=27-38i$

1 (1) $6\sqrt{2}$　　(2) $4\sqrt{3}$

(3) $14\sqrt{5}$　　(4) $35\sqrt{3}$

2 (1) $6\sqrt{3}$　　(2) $\dfrac{\sqrt{2}}{7}$

(3) $280\sqrt{3}$　　(4) 6

3 (1) $4\sqrt{7}$　　(2) $17\sqrt{2}$

(3) $15-5\sqrt{2}$　　(4) 4

4 (1) $5+2\sqrt{6}$　　(2) $7-4\sqrt{3}$

(3) 14　　(4) $60+6\sqrt{7}$

5 (1) $\dfrac{\sqrt{2}}{3}$　　(2) $7+5\sqrt{2}\,i$

解き方

1 (1) $\sqrt{72}=\sqrt{6^2\cdot2}=6\sqrt{2}$

(3) $\sqrt{980}=\sqrt{2^2\cdot7^2\cdot5}=2\cdot7\sqrt{5}=14\sqrt{5}$

2 (1) $3\sqrt{2}\times\sqrt{6}=3\sqrt{2}\times\sqrt{2\cdot3}=3\sqrt{2^2\cdot3}$

$=3\cdot2\sqrt{3}=6\sqrt{3}$

(2) $\dfrac{\sqrt{6}}{\sqrt{7}}\div\sqrt{21}=\dfrac{\sqrt{6}}{\sqrt{7}}\times\dfrac{1}{\sqrt{21}}$

$=\dfrac{\sqrt{6}}{\sqrt{7}}\times\dfrac{1}{\sqrt{7\cdot3}}=\dfrac{\sqrt{6}}{7\sqrt{3}}=\dfrac{\sqrt{3\cdot2}}{7\sqrt{3}}=\dfrac{\sqrt{2}}{7}$

3 (1) $3\sqrt{28}-2\sqrt{7}=3\sqrt{2^2\cdot7}-2\sqrt{7}$

$=3\cdot2\sqrt{7}-2\sqrt{7}=6\sqrt{7}-2\sqrt{7}=4\sqrt{7}$

(2) $3\sqrt{2}+\sqrt{72}+2\sqrt{32}$

$=3\sqrt{2}+\sqrt{6^2\cdot2}+2\sqrt{4^2\cdot2}$

$=3\sqrt{2}+6\sqrt{2}+8\sqrt{2}=17\sqrt{2}$

(4) $(2\sqrt{18}-\sqrt{8})\div\sqrt{2}$

$=(2\sqrt{18}-\sqrt{8})\times\dfrac{1}{\sqrt{2}}=2\sqrt{9}-\sqrt{4}$

$=2\cdot3-2=4$

4 (1) $(\sqrt{2}+\sqrt{3})^2$

$=(\sqrt{2})^2+2\cdot\sqrt{2}\cdot\sqrt{3}+(\sqrt{3})^2$

$=2+2\sqrt{6}+3=5+2\sqrt{6}$

(3) $(2\sqrt{5}+\sqrt{6})(2\sqrt{5}-\sqrt{6})$

$=(2\sqrt{5})^2-(\sqrt{6})^2$

$=20-6=14$

5 (2) $(3-\sqrt{-2})(1+\sqrt{-8})$

$=(3-\sqrt{2}\,i)(1+2\sqrt{2}\,i)$

$=3+6\sqrt{2}\,i-\sqrt{2}\,i-2(\sqrt{2})^2i^2$

$=3+6\sqrt{2}\,i-\sqrt{2}\,i-4i^2$

$=3+6\sqrt{2}\,i-\sqrt{2}\,i+4$

$=7+5\sqrt{2}\,i$

1 (1) $\dfrac{\sqrt{5}}{5}$　　(2) $\dfrac{2\sqrt{3}}{3}$　　(3) $\dfrac{3\sqrt{5}}{2}$

(4) $\dfrac{\sqrt{14}}{2}$　　(5) $\dfrac{\sqrt{3}}{2}$　　(6) $2-2\sqrt{3}$

2 (1) $\sqrt{7}-\sqrt{5}$　　(2) $2+\sqrt{3}$

(3) $4-\sqrt{15}$　　(4) $5+2\sqrt{6}$

3 (1) 0.707　　(2) 7.464

解き方

1 (1) $\dfrac{1}{\sqrt{5}}=\dfrac{1\times\sqrt{5}}{\sqrt{5}\times\sqrt{5}}=\dfrac{\sqrt{5}}{5}$

(2) $\dfrac{2}{\sqrt{3}}=\dfrac{2\times\sqrt{3}}{\sqrt{3}\times\sqrt{3}}=\dfrac{2\sqrt{3}}{3}$

(3) $\dfrac{15}{\sqrt{20}}=\dfrac{15}{2\sqrt{5}}=\dfrac{15\times\sqrt{5}}{2\sqrt{5}\times\sqrt{5}}=\dfrac{15\times\sqrt{5}}{2\times5}$

$=\dfrac{3\sqrt{5}}{2}$

(4) $\dfrac{\sqrt{21}}{\sqrt{6}}=\dfrac{\sqrt{21}\div\sqrt{3}}{\sqrt{6}\div\sqrt{3}}=\dfrac{\sqrt{7}}{\sqrt{2}}=\dfrac{\sqrt{7}\times\sqrt{2}}{\sqrt{2}\times\sqrt{2}}$

$=\dfrac{\sqrt{14}}{2}$

(5) $\dfrac{\sqrt{24}}{\sqrt{32}}=\dfrac{\sqrt{24}\div\sqrt{8}}{\sqrt{32}\div\sqrt{8}}=\dfrac{\sqrt{3}}{\sqrt{4}}=\dfrac{\sqrt{3}}{2}$

(6) $\dfrac{\sqrt{12}-6}{\sqrt{3}}=\dfrac{2\sqrt{3}-6}{\sqrt{3}}=\dfrac{(2\sqrt{3}-6)\times\sqrt{3}}{\sqrt{3}\times\sqrt{3}}$

$=\dfrac{2(\sqrt{3})^2-6\sqrt{3}}{3}=\dfrac{6-6\sqrt{3}}{3}$

$=2-2\sqrt{3}$

2 (3) $\dfrac{\sqrt{5}-\sqrt{3}}{\sqrt{5}+\sqrt{3}}=\dfrac{(\sqrt{5}-\sqrt{3})^2}{(\sqrt{5}+\sqrt{3})(\sqrt{5}-\sqrt{3})}$

$=\dfrac{5-2\sqrt{15}+3}{5-3}=\dfrac{8-2\sqrt{15}}{2}=4-\sqrt{15}$

(4) $\dfrac{3\sqrt{2}+2\sqrt{3}}{3\sqrt{2}-2\sqrt{3}}$

$=\dfrac{(3\sqrt{2}+2\sqrt{3})^2}{(3\sqrt{2}-2\sqrt{3})(3\sqrt{2}+2\sqrt{3})}$

$=\dfrac{18+12\sqrt{6}+12}{18-12}=\dfrac{30+12\sqrt{6}}{6}$

$=5+2\sqrt{6}$

3 (1) $\dfrac{1}{\sqrt{2}}=\dfrac{1\times\sqrt{2}}{\sqrt{2}\times\sqrt{2}}=\dfrac{\sqrt{2}}{2}=\dfrac{1.414}{2}$

$=0.707$

(2) $\dfrac{2}{2-\sqrt{3}}=\dfrac{2\times(2+\sqrt{3})}{(2-\sqrt{3})(2+\sqrt{3})}$

$=\dfrac{4+2\sqrt{3}}{2^2-(\sqrt{3})^2}=\dfrac{4+2\sqrt{3}}{4-3}=4+2\sqrt{3}$

$=4+2\times1.732=7.464$

分母を有理化して足し算と引き算をしよう！

1 (1) $\dfrac{\sqrt{2}}{2}+\dfrac{2\sqrt{5}}{5}$　　(2) $-\dfrac{\sqrt{6}}{2}$

(3) $\dfrac{\sqrt{3}}{3}$　　(4) $\dfrac{\sqrt{5}}{10}-\dfrac{\sqrt{3}}{9}$

(5) $2+\dfrac{\sqrt{3}}{3}-\dfrac{\sqrt{7}}{7}$　　(6) $\dfrac{43\sqrt{3}}{5}$

2 (1) -4　　(2) $\dfrac{\sqrt{2}}{5}$

(3) $9+2\sqrt{6}-\sqrt{15}$　　(4) $\dfrac{7+\sqrt{3}}{2}$

解き方

1 (1) $\dfrac{1}{\sqrt{2}}+\dfrac{2}{\sqrt{5}}=\dfrac{1\times\sqrt{2}}{\sqrt{2}\times\sqrt{2}}+\dfrac{2\times\sqrt{5}}{\sqrt{5}\times\sqrt{5}}$

$=\dfrac{\sqrt{2}}{2}+\dfrac{2\sqrt{5}}{5}$

(2) $\sqrt{\dfrac{3}{2}}-\dfrac{6}{\sqrt{6}}=\dfrac{\sqrt{3}}{\sqrt{2}}-\dfrac{6}{\sqrt{6}}$

$=\dfrac{\sqrt{3}\times\sqrt{2}}{\sqrt{2}\times\sqrt{2}}-\dfrac{6\times\sqrt{6}}{\sqrt{6}\times\sqrt{6}}=\dfrac{\sqrt{6}}{2}-\dfrac{6\sqrt{6}}{6}$

$=\dfrac{\sqrt{6}}{2}-\sqrt{6}=-\dfrac{\sqrt{6}}{2}$

(5) $\dfrac{2\sqrt{3}+1}{\sqrt{3}}-\dfrac{1}{\sqrt{7}}=2+\dfrac{1}{\sqrt{3}}-\dfrac{1}{\sqrt{7}}$

$=2+\dfrac{\sqrt{3}}{3}-\dfrac{\sqrt{7}}{7}$

2 (1) $\dfrac{2}{\sqrt{6}+2}-(\sqrt{6}+2)$

$=\dfrac{2(\sqrt{6}-2)}{(\sqrt{6}+2)(\sqrt{6}-2)}-(\sqrt{6}+2)$

$=\dfrac{2\sqrt{6}-4}{(\sqrt{6})^2-2^2}-(\sqrt{6}+2)$

$=\dfrac{2\sqrt{6}-4}{6-4}-(\sqrt{6}+2)$

$=\sqrt{6}-2-\sqrt{6}-2=-4$

(3) $\dfrac{\sqrt{3}+\sqrt{2}}{\sqrt{3}-\sqrt{2}}+\dfrac{\sqrt{5}-\sqrt{3}}{\sqrt{5}+\sqrt{3}}$

$=\dfrac{(\sqrt{3}+\sqrt{2})^2}{(\sqrt{3}-\sqrt{2})(\sqrt{3}+\sqrt{2})}$

$\qquad\qquad+\dfrac{(\sqrt{5}-\sqrt{3})^2}{(\sqrt{5}+\sqrt{3})(\sqrt{5}-\sqrt{3})}$

$=\dfrac{(\sqrt{3}+\sqrt{2})^2}{(\sqrt{3})^2-(\sqrt{2})^2}+\dfrac{(\sqrt{5}-\sqrt{3})^2}{(\sqrt{5})^2-(\sqrt{3})^2}$

$=3+2\sqrt{6}+2+\dfrac{5-2\sqrt{15}+3}{5-3}$

$=5+2\sqrt{6}+4-\sqrt{15}=9+2\sqrt{6}-\sqrt{15}$

式の値を求めよう！①

1 (1) $3-4\sqrt{3}$　　(2) $24-8\sqrt{6}$

(3) 5　　(4) 3

(5) $\dfrac{5-\sqrt{5}}{2}$

2 (1) ① $8\sqrt{3}$　　② $4\sqrt{3}+6$

(2) ① 8　　② $12-4\sqrt{3}$

(3) ① 6　　② $10\sqrt{2}$

解き方

1 (1) 因数分解の利用

与式$=(x+1)(x-3)$

$=\{(\sqrt{3}-1)+1\}\{(\sqrt{3}-1)-3\}$

$=\sqrt{3}\times(\sqrt{3}-4)=3-4\sqrt{3}$

(3) 因数分解の利用

与式$=(x+2)^2=\{(\sqrt{5}-2)+2\}^2=(\sqrt{5})^2$

$=5$

(5) 因数分解の利用

$a=\dfrac{1+\sqrt{5}}{2}$ より、

$2a=1+\sqrt{5}$　　$2a-1=\sqrt{5}$

与式$=2a^2-3a+1$

$=(2a-1)(a-1)=\sqrt{5}\left(\dfrac{1+\sqrt{5}}{2}-1\right)$

$=\sqrt{5}\times\dfrac{\sqrt{5}-1}{2}=\dfrac{5-\sqrt{5}}{2}$

2 (1) ① $x^2-y^2=(x+y)(x-y)$

$=\{(2+\sqrt{3})+(2-\sqrt{3})\}$

$\qquad\qquad\times\{(2+\sqrt{3})-(2-\sqrt{3})\}$

$=4\cdot2\sqrt{3}=8\sqrt{3}$

② $x^2-xy=x(x-y)$

$=(2+\sqrt{3})\{(2+\sqrt{3})-(2-\sqrt{3})\}$

$=(2+\sqrt{3})\cdot2\sqrt{3}=4\sqrt{3}+6$

(3) ① $x^2+y^2=(x+y)^2-2xy$

$=\{(\sqrt{2}+1)+(\sqrt{2}-1)\}^2$

$\qquad\qquad-2(\sqrt{2}+1)(\sqrt{2}-1)$

$=(2\sqrt{2})^2-2\{(\sqrt{2})^2-1^2\}$

$=8-2(2-1)=6$

② $x^3+y^3=(x+y)^3-3xy(x+y)$

$=(2\sqrt{2})^3-3(\sqrt{2}+1)(\sqrt{2}-1)\cdot2\sqrt{2}$

$=16\sqrt{2}-6\sqrt{2}=10\sqrt{2}$

1　(1) $2\sqrt{5}$ 　　(2) 2

　(3) 16 　　(4) $28\sqrt{5}$

2　(1) $\sqrt{6}$ 　　(2) $\dfrac{1}{2}$

　(3) 5 　　(4) $\dfrac{\sqrt{6}}{2}$

3　(1) -5 　　(2) 25

解き方

1　(1) $x+y=\dfrac{2}{\sqrt{5}+\sqrt{3}}+\dfrac{2}{\sqrt{5}-\sqrt{3}}$

$=\dfrac{2(\sqrt{5}-\sqrt{3})}{(\sqrt{5}+\sqrt{3})(\sqrt{5}-\sqrt{3})}$

$\qquad +\dfrac{2(\sqrt{5}+\sqrt{3})}{(\sqrt{5}-\sqrt{3})(\sqrt{5}+\sqrt{3})}$

$=\dfrac{2(\sqrt{5}-\sqrt{3})+2(\sqrt{5}+\sqrt{3})}{(\sqrt{5}+\sqrt{3})(\sqrt{5}-\sqrt{3})}$

$=\dfrac{4\sqrt{5}}{5-3}=2\sqrt{5}$

(2) $xy=\dfrac{2}{\sqrt{5}+\sqrt{3}}\cdot\dfrac{2}{\sqrt{5}-\sqrt{3}}$

$=\dfrac{4}{(\sqrt{5}+\sqrt{3})(\sqrt{5}-\sqrt{3})}=2$

(3) $x^2+y^2=(x+y)^2-2xy$

$=(2\sqrt{5})^2-2\cdot2=16$

(4) $x^3+y^3=(x+y)^3-3xy(x+y)$

$=(2\sqrt{5})^3-3\cdot2\cdot2\sqrt{5}=28\sqrt{5}$

2　(1) $x+y=\dfrac{1}{\sqrt{6}+2}+\dfrac{1}{\sqrt{6}-2}$

$=\dfrac{\sqrt{6}-2+\sqrt{6}+2}{(\sqrt{6}+2)(\sqrt{6}-2)}=\dfrac{2\sqrt{6}}{6-4}=\sqrt{6}$

(2) $xy=\dfrac{1}{\sqrt{6}+2}\cdot\dfrac{1}{\sqrt{6}-2}$

$=\dfrac{1}{(\sqrt{6}+2)(\sqrt{6}-2)}=\dfrac{1}{2}$

(3) $x^2+y^2=(x+y)^2-2xy$

$=(\sqrt{6})^2-2\cdot\dfrac{1}{2}=5$

(4) $x^2y+xy^2=xy(x+y)=\dfrac{1}{2}\cdot\sqrt{6}=\dfrac{\sqrt{6}}{2}$

3　(1) $2x-3y=2\cdot\dfrac{\sqrt{3}-\sqrt{2}}{\sqrt{2}}-3\cdot\dfrac{\sqrt{3}+\sqrt{2}}{\sqrt{3}}$

$=\sqrt{2}(\sqrt{3}-\sqrt{2})-\sqrt{3}(\sqrt{3}+\sqrt{2})$

$=\sqrt{6}-2-3-\sqrt{6}=-5$

(2) $4x^2-12xy+9y^2=(2x-3y)^2$

$=(-5)^2=25$

1　(1) $\dfrac{\sqrt{6}}{3}$ 　　(2) $3-\sqrt{3}$

　(3) $-4+\sqrt{15}$ 　　(4) $3+\sqrt{10}$

2　(1) $\dfrac{2\sqrt{5}}{5}-\dfrac{3\sqrt{2}}{10}$ 　　(2) $\dfrac{\sqrt{6}}{2}$

　(3) $-1+2\sqrt{2}-\sqrt{3}$ 　　(4) $\dfrac{26}{11}$

3　(1) $4\sqrt{21}$ 　　(2) $8\sqrt{7}$

4　(1) 8 　　(2) $\dfrac{9-3\sqrt{7}}{2}$

解き方

1　(2) $\dfrac{\sqrt{12}}{\sqrt{3}+1}=\dfrac{2\sqrt{3}(\sqrt{3}-1)}{(\sqrt{3}+1)(\sqrt{3}-1)}$

$=\dfrac{6-2\sqrt{3}}{3-1}=3-\sqrt{3}$

(3) $\dfrac{\sqrt{3}-\sqrt{5}}{\sqrt{3}+\sqrt{5}}=\dfrac{(\sqrt{3}-\sqrt{5})^2}{(\sqrt{3}+\sqrt{5})(\sqrt{3}-\sqrt{5})}$

$=\dfrac{3-2\sqrt{15}+5}{3-5}=\dfrac{8-2\sqrt{15}}{-2}=-4+\sqrt{15}$

2　(3) $\dfrac{1}{1+\sqrt{2}}-\dfrac{1}{\sqrt{2}+\sqrt{3}}=\dfrac{1}{\sqrt{2}+1}-\dfrac{1}{\sqrt{3}+\sqrt{2}}$

$=\dfrac{\sqrt{2}-1}{2-1}-\dfrac{\sqrt{3}-\sqrt{2}}{3-2}$

$=\sqrt{2}-1-(\sqrt{3}-\sqrt{2})=-1+2\sqrt{2}-\sqrt{3}$

3　(1) $a^2-b^2=(a+b)(a-b)$

$=\{(\sqrt{7}+\sqrt{3})+(\sqrt{7}-\sqrt{3})\}$

$\qquad\times\{(\sqrt{7}+\sqrt{3})-(\sqrt{7}-\sqrt{3})\}$

$=2\sqrt{7}\cdot2\sqrt{3}=4\sqrt{21}$

(2) $a^2b+ab^2=ab(a+b)$

$=(\sqrt{7}+\sqrt{3})(\sqrt{7}-\sqrt{3})$

$\qquad\times\{(\sqrt{7}+\sqrt{3})+(\sqrt{7}-\sqrt{3})\}$

$=(7-3)\cdot2\sqrt{7}=8\sqrt{7}$

4　$x+y=\dfrac{1}{3+\sqrt{7}}+\dfrac{1}{3-\sqrt{7}}$

$=\dfrac{3-\sqrt{7}}{9-7}+\dfrac{3+\sqrt{7}}{9-7}=3$

$xy=\dfrac{1}{3+\sqrt{7}}\cdot\dfrac{1}{3-\sqrt{7}}$

$=\dfrac{1}{(3+\sqrt{7})(3-\sqrt{7})}=\dfrac{1}{2}$

(1) $x^2+y^2=(x+y)^2-2xy=3^2-2\cdot\dfrac{1}{2}=8$

(2) $x^2+xy=x(x+y)=\dfrac{3-\sqrt{7}}{2}\cdot3=\dfrac{9-3\sqrt{7}}{2}$

1 (1) $\pm\sqrt{11}$　　(2) $\pm2\sqrt{3}\,i$

2 (1) $\dfrac{1}{2}$　　(2) 3

3 $a=4$、5、6、7

4 (1) $0.6\dot{2}\dot{9}$　　(2) $0.\dot{0}\dot{6}$

5 (1) $\dfrac{14}{9}$　　(2) $\dfrac{311}{99}$

6 (1) $21-13i$　　(2) $-\dfrac{2+11i}{5}$

　　(3) $-3-4i$　　(4) $\dfrac{36+2i}{25}$

7 (1) -5 と 5

　　(2) -4、-3、-2、-1、0、1、2、3、4

8 (1) -10　　(2) $-2\pi+8$

解き方

2 (2) $\sqrt{(-3)^2}=\sqrt{3^2}=3$

3 $(\sqrt{15})^2=15$、$(\sqrt{50})^2=50$ であるから、

$15<a^2<50$　　$a^2=16$、25、36、49

よって、$a=4$、5、6、7

5 (2) $x=0.\dot{1}\dot{4}$ とおく。

$$100x=14.14141414$$
$$-)\quad x=\ 0.14141414$$
$$\overline{\qquad 99x=14\qquad}$$

よって、$x=\dfrac{14}{99}$

$3.\dot{1}\dot{4}=3+0.\dot{1}\dot{4}=3+\dfrac{14}{99}=\dfrac{311}{99}$

6 (1) $(3+i)(5-6i)=15-18i+5i-6i^2$
$=15-18i+5i+6=21-13i$

(2) $\dfrac{5-10i}{4+3i}=\dfrac{(5-10i)(4-3i)}{(4+3i)(4-3i)}$

$=\dfrac{20-15i-40i+30i^2}{16-9i^2}$

$=\dfrac{-10-55i}{25}=-\dfrac{2+11i}{5}$

(3) $(1-2i)^2=1-4i+4i^2$
$=1-4i-4=-3-4i$

8 (1) $P=|-1-1|-3|3-(-1)|=|-2|-3|4|$
$=2-12=-10$

(2) $P=|\pi-1|-3|3-\pi|$
$=\pi-1-3\{-(3-\pi)\}=\pi-1+3(3-\pi)$
$=-2\pi+8$

1 (1) $\sqrt{4}$、$\sqrt{\dfrac{9}{25}}$、$\sqrt{0.81}$、$\sqrt{1.21}$、$\sqrt{(-5)^2}$

　　(2) $\sqrt{3}$、$-\sqrt{5}$、$\sqrt{(1-\sqrt{2})^2}$

2 (1) $\dfrac{5\sqrt{6}}{4}$　　(2) $2\sqrt{2}-\sqrt{5}$

3 (1) $2\sqrt{3}$　　(2) $4+2\sqrt{14}$

　　(3) 4　　(4) $18+12\sqrt{2}$

　　(5) 1　　(6) $-4\sqrt{15}$

　　(7) $\dfrac{4\sqrt{15}}{15}$　　(8) $-\dfrac{15\sqrt{2}}{2}$

　　(9) $3+\sqrt{22}+3\sqrt{2}+\sqrt{7}$

　　(10) $-\sqrt{30}+5\sqrt{3}+(-4\sqrt{3}+2\sqrt{30})i$

4 (1) $2\sqrt{3}$　　(2) $18\sqrt{3}$

5 (1) $12\sqrt{11}$　　(2) 40

解き方

2 (2) $\dfrac{3}{\sqrt{5}+\sqrt{8}}=\dfrac{3}{\sqrt{8}+\sqrt{5}}$

$=\dfrac{3(\sqrt{8}-\sqrt{5})}{(\sqrt{8}+\sqrt{5})(\sqrt{8}-\sqrt{5})}$

$=\dfrac{3(2\sqrt{2}-\sqrt{5})}{8-5}=2\sqrt{2}-\sqrt{5}$

3 (2) $(2\sqrt{7}-\sqrt{18})(2\sqrt{7}+\sqrt{32})$
$=(2\sqrt{7}-3\sqrt{2})(2\sqrt{7}+4\sqrt{2})$
$=(2\sqrt{7})^2+8\sqrt{14}-6\sqrt{14}-12(\sqrt{2})^2$
$=28+2\sqrt{14}-24=4+2\sqrt{14}$

(5) $(\sqrt{3}-\sqrt{2})^2(\sqrt{3}+\sqrt{2})^2$
$=\{(\sqrt{3}-\sqrt{2})(\sqrt{3}+\sqrt{2})\}^2$
$=\{(\sqrt{3})^2-(\sqrt{2})^2\}^2=(3-2)^2=1$

(7) $\dfrac{5\sqrt{3}}{3\sqrt{5}}-\dfrac{\sqrt{5}}{5\sqrt{3}}$

$=\dfrac{5\sqrt{3}\times\sqrt{5}}{3\sqrt{5}\times\sqrt{5}}-\dfrac{\sqrt{5}\times\sqrt{3}}{5\sqrt{3}\times\sqrt{3}}$

$=\dfrac{5\sqrt{15}}{15}-\dfrac{\sqrt{15}}{15}=\dfrac{4\sqrt{15}}{15}$

4 (1) $xy^2+x^2y=xy(x+y)$
$=\{(\sqrt{3}+\sqrt{2})(\sqrt{3}-\sqrt{2})\}$
$\qquad\times\{(\sqrt{3}+\sqrt{2})+(\sqrt{3}-\sqrt{2})\}$
$=(3-2)\cdot2\sqrt{3}=2\sqrt{3}$

(2) $x^3+y^3=(x+y)^3-3xy(x+y)$
$=(2\sqrt{3})^3-3\cdot1\cdot2\sqrt{3}$
$=24\sqrt{3}-6\sqrt{3}=18\sqrt{3}$

5 $a = \dfrac{2}{\sqrt{11} - 3} = \dfrac{2(\sqrt{11} + 3)}{(\sqrt{11} - 3)(\sqrt{11} + 3)}$

$\quad = \sqrt{11} + 3$

$\quad b = \dfrac{2}{\sqrt{11} + 3} = \dfrac{2(\sqrt{11} - 3)}{(\sqrt{11} + 3)(\sqrt{11} - 3)}$

$\quad = \sqrt{11} - 3$

(1) $a^2 - b^2 = (a + b)(a - b)$

$\quad = (\sqrt{11} + 3 + \sqrt{11} - 3)$

$\qquad\qquad\qquad \times \{\sqrt{11} + 3 - (\sqrt{11} - 3)\}$

$\quad = 2\sqrt{11} \cdot 6 = 12\sqrt{11}$

(2) $a^2 + b^2 = (a + b)^2 - 2ab$

$\qquad\quad = (2\sqrt{11})^2 - 2(\sqrt{11} + 3)(\sqrt{11} - 3)$

$\qquad\quad = 44 - 2(11 - 9)$

$\qquad\quad = 40$